珠江流域分布式降雨径流模拟

熊立华　郭生练　曾　凌　万　民　著

国家重点研发计划项目（2017YFC0405901）
国家杰出青年科学基金项目（51525902）
资助

科学出版社
北　京

内 容 简 介

分布式降雨径流模型是水文学研究的重要内容之一。本书详细解释分布式降雨径流模型所需的数字流域信息的提取原理与方法，系统介绍基于DEM的分布式降雨径流模型（DDRM）的理论基础、模型结构与应用实例。本书针对珠江流域三大子流域（西江流域、东江流域和北江流域），基于DDRM，构建珠江流域分布式降雨径流模拟与预报平台，开展多时间尺度下的径流模拟与预报研究工作。另外，本书结合土壤含水量遥感产品，对比分析DDRM模拟的土壤含水量与遥感土壤含水量的时空分布特征。

本书适合水文水资源领域科研工作者及在校学生、工程技术人员阅读。

图书在版编目（CIP）数据

珠江流域分布式降雨径流模拟/熊立华等著. —北京：科学出版社，2019.7

ISBN 978-7-03-061805-4

I. ①珠… II. ①熊… III. ①珠江流域-降雨径流-模拟-研究
IV. ①TV121

中国版本图书馆CIP数据核字（2019）第136812号

责任编辑：杨光华 郑佩佩／责任校对：高 嵘
责任印制：彭 超／封面设计：苏 波

科学出版社 出版
北京东黄城根北街16号
邮政编码：100717
http://www.sciencep.com
武汉精一佳印刷有限公司印刷
科学出版社发行 各地新华书店经销
*
开本：B5（720×1000）
2019年7月第 一 版 印张：8 1/4
2019年7月第一次印刷 字数：161 000
定价：86.00元
（如有印装质量问题，我社负责调换）

前　言

分布式降雨径流模型是水文学研究的重要内容之一。相较于传统的集总式降雨径流模型，具有物理基础的分布式降雨径流模型能充分考虑降雨和下垫面条件的空间异质性对各水文变量（包括蒸散发、土壤含水量和径流）变化过程的影响。对分布式降雨径流模型的深入研究，不仅有助于深入理解不同时空尺度上的水循环演变过程和规律，还能为综合解决生产实践中各种与水循环相关的问题提供更有效的框架和平台。

20 世纪 90 年代以来，计算机、地理信息系统和遥感等技术的迅速发展，为研发与构建分布式降雨径流模型提供了强有力的技术支撑。基于数字高程模型，可提取对流域水文过程有影响的栅格坡度、水流流向、集水面积及河网水系等数字流域信息。卫星遥感数据作为一种栅格式信息源，可提供分布式降雨径流模型所需的地质地貌、植被、土地利用类型、土壤质地、降雨、蒸散发和土壤含水量等物理变量的空间分布信息。在无/缺资料地区，卫星遥感数据能够在一定程度上弥补水文地面站点观测资料不足的缺陷。

基于以上背景，在国家重点研发计划项目“珠江流域水资源多目标调度技术与应用”的课题一“流域多过程来水与多元需水集合滚动预报”（2017YFC0405901）和国家杰出青年科学基金项目（51525902）的支持下，本书作者及研究团队针对珠江流域三大子流域（西江流域、东江流域和北江流域），提出基于 DEM 的分布式降雨径流模型（DDRM），构建珠江流域分布式降雨径流模拟与预报平台，开展多时间尺度下的径流模拟与预报研究工作。

本书主要内容如下。

第 1 章简要介绍珠江流域概况，包括珠江流域的自然地理、气象水文、河流水系、骨干水库及社会经济五个方面。

第 2 章详细介绍数字流域技术，包括 DEM 预处理、确定栅格流向、确定栅格汇流演算顺序、确定栅格集水面积、计算栅格地形指数、生成河网水系及提取子流域。另外，还介绍水文网络模型进行流域拓扑结构表达的原理与构造过程，以及河网汇流模块在分布式降雨径流模型中的应用。

第 3 章重点介绍分布式降雨径流模型的基本原理、模型结构（包括栅格产流模块、栅格汇流模块和河网汇流模块）及模型参数。

第 4 章详细介绍模型参数优化步骤、径流模拟目标函数、常见的水文模型参数自动优化算法及精度评价指标。

第 5～7 章分别针对西江流域、东江流域、北江流域构建 DDRM 并应用于径流模拟，对模型径流模拟效果进行评定。其中，第 5～6 章主要针对西江流域和东江流域各大水文站点进行日径流量模拟，并简要分析栅格土壤含水量和栅格径流量的时空分布特征。第 7 章主要针对北江流域飞来峡水库以上区域进行短历时洪水模拟及预报研究。

第 8 章介绍三种常见的土壤含水量遥感产品（SMAP、SMOS 和 ASCAT），并以 ASCAT 土壤含水量产品为例，介绍遥感土壤含水量数据的预处理方法。在此基础上，以西江流域为例对比分析 DDRM 模拟的土壤含水量与 ASCAT 土壤含水量的时空分布特征。

全书由熊立华、郭生练、曾凌和万民共同撰写。在课题研究及书稿撰写过程中，得到了陈石磊、查悉妮等研究生及一些合作者和同行的大力支持，在此一并表示敬意及感谢。

由于作者水平有限、时间仓促，书中难免存在疏漏之处，欢迎读者与有关专家对书中存在的不足进行批评指正。

作　者

2019 年 3 月

目　　录

第 1 章　珠江流域概况 ······ 1
1.1　自然地理 ······ 2
1.2　气象水文 ······ 2
1.3　河流水系 ······ 3
1.4　骨干水库 ······ 5
1.5　社会经济 ······ 8
参考文献 ······ 9
第 2 章　数字流域技术 ······ 11
2.1　数字高程模型 ······ 12
2.1.1　栅格 DEM 数据结构 ······ 13
2.1.2　DEM 数据获取途径 ······ 14
2.2　基于 DEM 的数字流域信息提取 ······ 15
2.2.1　数字流域信息提取原理 ······ 15
2.2.2　DEM 预处理 ······ 16
2.2.3　栅格流向 ······ 22
2.2.4　栅格汇流演算顺序 ······ 24
2.2.5　栅格集水面积 ······ 25
2.2.6　栅格地形指数 ······ 26
2.2.7　河网水系生成与子流域提取 ······ 26
2.3　基于水文网络模型的数字流域拓扑结构表达 ······ 28
2.3.1　流域水文地理特征要素的空间表示 ······ 28
2.3.2　流域水文网络的原理与构造 ······ 29
2.3.3　流域水文网络拓扑关系描述 ······ 30
参考文献 ······ 32
第 3 章　基于 DEM 的分布式降雨径流模型 ······ 35
3.1　DDRM 原理与结构 ······ 36
3.2　水文物理过程描述 ······ 37
3.2.1　栅格土壤蓄水能力 ······ 37
3.2.2　栅格产流 ······ 38

3.2.3 栅格汇流 …… 39
3.2.4 河网汇流 …… 39
3.3 DDRM 参数 …… 40
参考文献 …… 41
第 4 章 模型参数优化方法及评价指标 …… 43
4.1 模型参数优化步骤 …… 44
4.2 径流模拟目标函数 …… 45
4.3 自动优化算法 …… 46
4.3.1 遗传算法 …… 46
4.3.2 SCE-UA 算法 …… 49
4.4 径流模拟精度评价指标 …… 52
4.4.1 相关规范文件 …… 52
4.4.2 精度评定指标 …… 52
参考文献 …… 54
第 5 章 西江流域分布式降雨径流模拟 …… 57
5.1 西江流域 DDRM 构建 …… 58
5.1.1 西江流域数字流域信息提取 …… 58
5.1.2 西江流域水文气象资料预处理 …… 60
5.1.3 西江流域 DDRM 参数率定结果 …… 63
5.2 西江流域 DDRM 径流模拟精度评定 …… 64
5.3 西江流域栅格土壤含水量与径流量空间分布模拟结果 …… 72
参考文献 …… 75
第 6 章 东江流域分布式降雨径流模拟 …… 77
6.1 东江流域 DDRM 构建 …… 78
6.1.1 东江流域数字流域信息提取 …… 78
6.1.2 东江流域水文气象资料预处理 …… 80
6.1.3 东江流域 DDRM 参数率定结果 …… 80
6.2 东江流域 DDRM 径流模拟精度评定 …… 80
6.3 东江流域栅格土壤含水量与径流量空间分布模拟结果 …… 84
第 7 章 北江流域分布式降雨径流模拟 …… 85
7.1 北江流域洪水特征 …… 86
7.2 飞来峡水库调度规则 …… 87
7.3 北江流域 DDRM 构建 …… 90
7.3.1 北江流域数字流域信息提取 …… 90

7.3.2　北江流域水文气象资料预处理……92
7.3.3　北江流域 DDRM 参数率定结果……94
7.4　北江流域 DDRM 径流模拟精度评定……95
参考文献……106
第 8 章　模型模拟和卫星遥感土壤含水量对比……107
8.1　常见的卫星遥感土壤含水量产品……108
8.1.1　SMAP 土壤含水量产品……108
8.1.2　SMOS 土壤含水量产品……110
8.1.3　ASCAT 土壤含水量产品……111
8.2　卫星遥感土壤含水量产品预处理……112
8.2.1　遥感数据偏差校正……112
8.2.2　湿度指数计算……115
8.3　西江流域 DDRM 模拟与卫星遥感土壤含水量对比分析……115
8.3.1　流域面尺度土壤含水量对比分析……116
8.3.2　栅格尺度土壤含水量对比分析……118
参考文献……120

第 1 章

珠江流域概况

1.1　自 然 地 理

珠江流域主要由西江、北江、东江及珠江三角洲诸河组成，范围涉及我国滇、黔、桂、粤、湘、赣六省（自治区）和香港、澳门特别行政区及越南东北部，总面积约 45.37 万 km^2，其中我国境内面积约 44.21 万 km^2，是中国七大流域之一。珠江流域北靠南岭，西部为云贵高原，中部和东部为低山丘陵盆地，东南部为三角洲冲积平原。地势西北高、东南低，最西部的云贵高原地势最高，高程为 1 800～2 500 m。流域内山地、丘陵面积占 94.4%，平原面积仅占 5.6%，珠江三角洲是长江以南沿海地区最大的平原，约占流域内平原面积的 80%（黎开志　等，2018）。

珠江流域广泛分布着红壤、砖红壤、砖红壤性红壤、黄壤、石灰土等，一般按地带规律分布。红壤是潮湿热带和亚热带的土壤之一，分布于云贵高原海拔 600～800 m 的河谷盆地、广西北部山地、岩溶洼地、砂页岩低山丘陵和广东北部山地，原生植被为亚热带常绿阔叶林；砖红壤多分布于横县以上郁江流域；砖红壤性红壤是我国南部亚热带的代表性土壤，分布于流域内的广西南部一带、柳江的柳城县、郁江的横县以下及广东的西部，原生植被为南亚热带季雨林；黄壤形成于湿润的亚热带气候条件，分布于云贵高原海拔 600～800 m 及广西西北部 700～1 200 m 的山地，原生植被主要是亚热带常绿阔叶林、常绿落叶阔叶混交林和热带山地湿性常绿林；石灰土在流域内凡有石灰岩出露的地方都有分布，主要分布于云南、贵州的石灰岩地区，广西的桂林、柳州、南宁、百色、河池等石灰岩区域及广东的连州、英德等石灰岩山地。

1.2　气 象 水 文

珠江流域位于湿热多雨的热带、亚热带气候区，多年平均气温为 14～22℃，多年平均降雨量为 1 200～2 000 mm，多年平均年径流量为 3 360 亿 m^3，仅次于长江，居我国七大江河第二位；流域年平均产水量约 74 万 m^3/km^2，为七大江河之冠。珠江流域降雨量空间分布总趋势是由东向西递减，受地形变化等因素影响形成众多的降雨高、低值区。降雨量年内分配不均匀，4～9 月降雨量占全年降雨量的 70%～85%。基于年径流模数表征珠江流域径流量空间分布特征，其趋势是从上游向中、下游递增。径流量年内分配不均匀，每年 4～9 月为丰水期，径流量约占全年的 78%；10 月～次年 3 月为枯水期，径流量约占全年的 22%，最枯月平均流量常出现在每年的 12 月～次年 2 月，多出现在 1 月（刘伟 等，2018）。

珠江流域暴雨强度大、次数多、历时长，主要出现在 4～10 月，一次流域性暴雨过程一般历时 7 d 左右，主要雨量集中在 3 d。流域洪水由暴雨形成，洪水出现的时间与暴雨一致，多发生在 4～10 月，流域性大洪水主要集中在 5～7 月，洪水过程一般历时 10～60 d，洪峰历时一般为 1～3 d。

珠江是我国七大江河中含沙量最小的河流，西江高要站、北江石角站、东江博罗站断面多年平均含沙量分别为 0.288 kg/m^3、0.127 kg/m^3、0.104 kg/m^3（资料系列至 2009 年）。由于流域径流量大，多年平均输沙量高达 7570 万 t。输沙量随年代变化显著，20 世纪 60 年代、70 年代、80 年代、90 年代及 21 世纪初统计的多年平均输沙量分别为 8 220 万 t、9 180 万 t、9 250 万 t、7 500 万 t、3 450 万 t，2 000 年后呈大幅度减少趋势。

珠江河口潮汐属不规则混合半日潮，为弱潮河口，潮差较小。八大口门平均高潮位为 0.44～0.74 m，平均低潮位为−0.88～−0.41 m，平均潮差为 0.85～1.62 m，最大涨潮差为 2.90～3.41 m。三角洲多年平均涨潮量为 3 500 亿 m^3，多年平均落潮量为 6 780 亿 m^3，净泄量为 3 280 亿 m^3。珠江河口咸潮活动主要受径流和潮流控制，当南海大陆架高盐水团随着海洋潮汐涨潮流沿着珠江河口的主要潮汐通道向上推进时，盐水扩散，咸淡水混合，造成上游河道水体变咸，即形成咸潮上溯（胥加仕 等，2005）。珠江三角洲的咸潮一般出现在 10 月～次年 3 月（廖远祺 等，1981）。一般年份，南海大陆架高盐水团侵至伶仃洋内伶仃岛、磨刀门水道、鸡啼门水道外海区及黄茅海湾口。大旱年份咸水入侵到虎门黄埔以上、沙湾水道下段、小榄水道、磨刀门水道大鳌岛及崖门水道，咸潮线甚至可达东江北干流的新塘、东江南支流的东莞、沙湾水道的三善滘、鸡鸦水道、小榄水道中上部、西江干流的西海水道和潭江石咀等地。

1.3　河流水系

珠江流域支流众多，流域面积 10 000 km^2 以上的支流共 8 条，其中一级支流 6 条，包括西江的北盘江、柳江、郁江、桂江、贺江及北江的连江；二级支流 2 条，包括郁江的左江及柳江的龙江；1 000 km^2 以上的各级支流共 120 条；100 km^2 以上的各级支流共 1 077 条（童娟，2007；乔彭年，1981）。珠江流域及主要水系特征如表 1-1 所示，珠江流域水系示意图如图 1-1 所示。

表 1-1 珠江流域及主要水系特征表

流域名称	河流长度/km	河道平均坡降/‰	流域		备注
			面积/km²	占比/%	
珠江流域	2 214	0.453	453 690	100	河长指西江干流长加河口段139 km 的总长
西江流域	2 075	0.58	353 120	77.83	河长指源头至思贤滘的西滘口的长度
北江流域	468	0.26	46 710	10.30	河长指源头至思贤滘的北滘口的长度
东江流域	520	0.39	27 040	5.96	河长指源头至东莞石龙的长度
珠江三角洲流域	139	—	26 820	5.91	河长指思贤滘西滘口至磨刀门洪湾企人石的长度

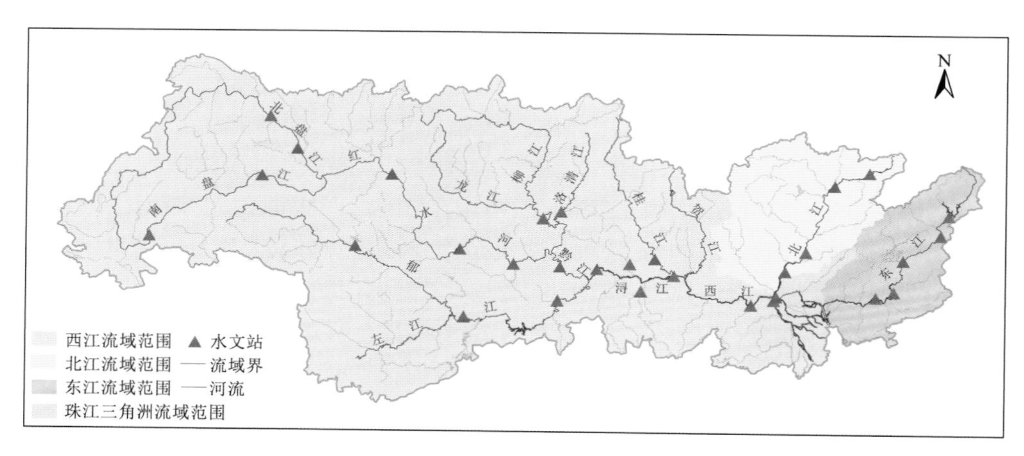

图 1-1 珠江流域水系示意图

西江是珠江的主干流，发源于云南曲靖乌蒙山余脉的马雄山东麓，自西向东流经云南、贵州、广西、广东四省（自治区），至广东佛山三水思贤滘西滘口汇入珠江三角洲。西江流域多年平均径流量约为 2 300 亿 m³，平均坡降为 0.58‰，集水面积约为 35.31 万 km²，其中我国境内面积约为 34.15 万 km²，占珠江流域总面积的 77.83%。梧州站以上集水面积约为 32.97 万 km²，占西江流域面积的 93.40%。梧州站实测多年平均径流量约为 2 199 亿 m³，占西江流域多年平均径流量的 95.60%。干流从上而下由南盘江、红水河、黔江、浔江及西江 5 个河段组成，主要支流有北盘江、柳江、郁江、桂江及贺江等，全长 2 075 km。

北江是珠江流域第二大水系，发源于江西信丰石碣大茅山，流经江西、湖南、广东三省，干流在佛山三水思贤滘北滘口与西江相汇，再向南注入珠江三角洲。北江干流从源头至思贤滘北滘口全长 468 km，平均坡降为 0.26‰，集水面积约为 4.67 万 km^2。

东江是珠江流域的第三大水系，东江发源于江西寻乌的桠髻钵山，南流至龙亭附近进入广东，抵龙川合河坝汇安远水（贝岭水）后始称东江。干流流经广东龙川、河源、紫金、惠阳、博罗、东莞等县（市），在东莞石龙流入珠江三角洲。石龙以上干流全长 520 km，平均坡降为 0.39‰，集水面积约为 2.70 万 km^2，博罗站以上区域面积约为 2.53 万 km^2。

珠江三角洲水系包括西江、北江思贤滘以下和东江石龙以下三角洲河网水系与入注珠江三角洲的中、小河流，以及直接流入伶仃洋的茅洲河和深圳河，香港及澳门特别行政区也属其地理范围，总集水面积约 2.68 万 km^2，其中三角洲河网区约为 0.98 万 km^2。珠江三角洲河道纵横交错成网状，水流相互贯通，把西江、东江、北江的下游纳于一体，经网河区平衡调节后，分由虎门、蕉门、洪奇门、横门、鸡啼门、虎跳门、磨刀门、崖门 8 大口门注入南海。

1.4　骨干水库

2005 年以来，为了保障澳门及珠江三角洲地区供水安全，珠江流域连续 14 次（截至 2018 年）实施了珠江流域骨干水库统一调度和珠江枯季水量统一调度，历次水量调度所启用的流域骨干水库主要包括天生桥一级水库（简称天一水库）、光照水库、龙滩水库、岩滩水库、长洲水库、百色水库和飞来峡水库等大型水库（张文明 等，2018）。各骨干水库基本情况如表 1-2 所示。

表 1-2　珠江流域主要骨干水库基本情况表

水库	河流水系	正常蓄水位/m	死水位/m	保证出力/MW	调节性能
天一水库	南盘江	780.0	731.0	405.2	不完全多年调节
光照水库	北盘江	745.0	—	180.2	不完全多年调节
龙滩水库	红水河	375.0	330.0	1 234.0	多年调节
岩滩水库	红水河	223.0	212.0	242.0	不完全年调节
长洲水库	西江	20.6	18.6	—	日调节（非汛期）
百色水库	郁江右江	228.0	203.0	123.0	不完全多年调节
飞来峡水库	北江	24.0	18.0	22.6	不完全日调节

1．天一水库

天一水库为南盘江上的龙头水电站，坝址左岸是贵州安龙，右岸是广西隆林。上游距离南盘江支流黄泥河上的鲁布革水电站约 90 km，下游距天生桥二级水库约 7 km。坝址以上流域面积约为 5.08 万 km^2，多年平均径流量为 193 亿 m^3，多年平均流量为 612 m^3/s,多年平均悬移质输沙量为 1 578 万 t,推移质输沙量为 70 万 t。工程于 1991 年 6 月正式开工，1994 年底截流，1998 年 12 月首台机组发电，2000 年 12 月四台机组全部投产。天一水库是以发电为主的不完全多年调节水库。大坝为混凝土面板堆石坝，坝顶高程 791 m，最大坝高 178 m，坝顶长度 1 104 m。水库大坝及溢洪道按 1 000 年一遇洪水（20 900 m^3/s）设计,可能最大洪水（28 500 m^3/s）校核；厂房按 100 年一遇洪水（14 200 m^3/s）设计，1 000 年一遇洪水校核。设计洪水位为 782.87m，校核洪水位为 789.86 m，正常蓄水位为 780 m，汛限水位为 773.1 m（龙滩水库投入后为 776.4 m），死水位为 731 m，总库容为 102.57 亿 m^3，其中防洪库容为 29.96 亿 m^3，调节库容为 57.96 亿 m^3。水电站装机容量为 1 200 MW，保证出力为 405.2 MW，多年平均发电量为 52.26 亿 kW·h。

2．光照水库

光照水库位于贵州关岭、睛隆两县交界的北盘江中游，是北盘江干流的龙头梯级电站。坝址以上流域面积约为 1.35 万 km^2，多年平均流量为 257 m^3/s。工程于 2003 年 5 月开始前期施工准备，2004 年 10 月大江截流，2007 年 12 月 30 日下闸蓄水。光照水库是一个以发电为主，结合航运，兼顾灌溉、供水及其他综合效益的具有不完全多年调节性能的水利工程。总库容为 32.45 亿 m^3，正常蓄水位为 745 m，相应库容为 31.35 亿 m^3，调节库容为 20.37 亿 m^3。水库回水长度为 69 km，水库面积为 51.54 km^2，装机四台，单机容量为 260 MW，总装机容量为 1 040 MW，保证出力为 180.2 MW，多年平均发电量为 27.54 亿 kW·h。

3．龙滩水库

龙滩水库位于红水河上游，距天峨县 15 km，是西部大开发和“西电东送”重要的标志性工程，仅次于三峡水库，是广西最大的水库。坝址以上流域面积约为 9.85 万 km^2，占红水河流域总面积的 71.2%，占西江梧州站以上流域面积的 30%，多年平均流量为 1 610 m^3/s。工程分两期建设，其中一期已于 2001 年 7 月 1 日开工建设，2003 年大江截流，2009 年底全部机组投产发电。水库具有较好的调节性能，发电、防洪、航运等综合利用效益显著，经济技术指标优越，为多年调节水库。龙滩水库按 500 年一遇洪水（27 600 m^3/s）设计，10 000 年一遇洪水（35 500 m^3/s）

校核。一期设计洪水位为 377.26 m，校核洪水位为 381.84 m，正常蓄水位为 375 m，其相应库容为 162.1 亿 m^3，死水位为 330 m，其相应库容为 50.61 亿 m^3，防洪库容为 50 亿 m^3，调节库容为 111.5 亿 m^3。总装机容量为 4 900 MW，保证出力为 1 234 MW，多年平均发电量为 156.7 亿 kW·h。

4. 岩滩水库

岩滩水库是红水河梯级水电站中的第五级，位于红水河中游广西大化境内，东南距巴马 30 km，距南宁 170 km。坝址以上流域面积约为 10.66 万 km^2，多年平均流量为 1 770 m^3/s。工程于 1985 年 3 月动工兴建，1992 年蓄水发电。岩滩水库以发电为主，兼有航运效益，属不完全年调节水库。水库按 1 000 年一遇洪水设计，5 000 年一遇洪水校核，设计洪水位为 227.2 m，校核洪水位为 229.2 m，正常蓄水位为 223 m，汛限水位为 219～222.5 m，死水位为 212 m；总库容为 34.3 亿 m^3，防洪库容为 12 亿 m^3，死库容为 15.6 亿 m^3。一期工程装机容量为 1 210 MW，保证出力为 242 MW，多年平均发电量为 56.6 亿 kW·h。

5. 长洲水库

长洲水库位于西江干流浔江末端的长洲岛河段上，下游距梧州 12 km，距南宁 382 km。坝址以上流域面积为 30.86 万 km^2，多年平均流量为 6 100 m^3/s。工程于 2001 年 9 月起开展前期建设工作，2004 年实现外江截流，2007 年底第一台机组发电。长洲水库是一座以发电和航运为主，兼有防洪灌溉、水产养殖、旅游等综合效益的大型水利水电工程。大坝总长 3 469.76 m，坝顶高程 34.6 m，最大坝高 56 m。水库正常蓄水位为 20.6m，最低运行水位为 19.8m，死水位为 18.6m，总库容为 56 亿 m^3，防洪库容为 37.4 亿 m^3，调节库容为 1.33 亿 m^3，水库在非汛期可进行日调节。装机 15 台，单机容量为 42 MW，总装机容量为 630 MW，多年平均发电量为 30.14 亿 kW·h。

6. 百色水库

百色水库是珠江流域郁江上游的防洪控制性工程，该工程位于广西郁江上游右江河段，坝址在百色上游 22 km 处。坝址以上流域面积为 1.96 万 km^2，多年平均径流量为 82.9 亿 m^3，多年平均流量为 263 m^3/s。百色水库是一座以防洪为主，兼顾发电、灌溉、航运、供水等综合利用效益的大型水利枢纽，属不完全多年调节水库。百色水库为大（I）型工程，主要由主坝、水电站、两座副坝及通航建筑物四大部分组成。坝顶高程为 234 m，坝顶长度为 720 m，坝顶宽度为 10 m。水库按 500 年一遇洪水（13 700 m^3/s）设计，5 000 年一遇洪水（18 700 m^3/s）校核，设计洪水位为229.66 m，校核洪水位为231.49 m，水库正常蓄水位为228 m，汛限水位为214 m，死水位为203 m，总库容为56.6亿m^3，其中防洪库容为16.4亿m^3，调节库容为26.2亿m^3。水库电站装机容量为540 MW，保证出力为123 MW，多年平均发电量为17.01亿kW·h。

7. 飞来峡水库

飞来峡水库位于北江中游广东清远清城飞来峡，是广东目前最大的综合性水利枢纽，是以防洪为主，兼有航运、发电、水资源调配和改善生态环境等综合功能的大型工程，是保障广州、佛山、清远等城市和珠江三角洲防洪安全的综合利用工程，也是北江流域综合治理的关键工程，属不完全日调节水库。坝址控制集水面积约3.41万km^2，约占北江流域面积的73%。工程于1994年10月动工，1999年10月建成投入运行。飞来峡水库主要建筑物由拦河大坝、船闸、发电厂房和变电站组成。大坝按500年一遇洪水标准设计，混凝土坝按5 000年一遇洪水标准校核，土坝按10 000年一遇洪水标准校核。主、副坝坝顶总长2 952 m，主坝最大坝高52.3 m，坝顶高程34.8 m，坝顶宽8 m，溢流坝有16个泄洪孔。水库死水位为18 m，正常蓄水位为24 m，相应库容为4.23亿m^3，水库设计洪水位为31.17 m，相应库容为14.45亿m^3，校核洪水位为33.17 m，总库容为19.04亿m^3，其中防洪库容为13.36亿m^3。总装机容量为140 MW，保证出力为22.6 MW，多年平均发电量为5.55亿kW·h，承担系统部分调峰任务。

1.5 社会经济

珠江流域涉及云南、贵州、广西、广东、湖南和江西六省（自治区）46个地（州）市、215个县及香港特别行政区、澳门特别行政区。2017年总人口约为19 186万人（未计香港特别行政区、澳门特别行政区，下同），平均人口密度约为327人/km^2，高于全国平均水平，但分布极不平衡：西部欠发达地区人口密度小，东部经济发达地区人口密度大。

20世纪80年代以来，珠江流域国民经济持续快速增长，但区域经济发展很不平衡，上游云南、贵州及广西等省（自治区）属我国西部地区，自然条件较差，经济发展缓慢，下游珠江三角洲地区毗邻香港特别行政区、澳门特别行政区，区位条件优越，是我国最早实施改革开放的地区、全国重要的经济中心之一。2017年，全流域地区国内生产总值（gross domestic product，GDP）约为120 205亿元（未计香港特别行政区、澳门特别行政区，下同)，约占全国 GDP 的 15%。从地区生产总值的内部结构来看，第一、第二、第三产业增加值比例为 7.2:41.2:51.6，产业结构以第三产业为主，第三产业与第二产业的差距较小，第一产业所占的比重较低。

珠江流域土地资源 66 310 万亩[①]，其中耕地 12 136 万亩，耕地率为 18.3%，高于全国平均水平。但人均拥有土地面积仅有 3.456 亩，约为全国人均值的 3/10；人均耕地面积 0.632 亩，仅为全国平均水平的 9/20；有效灌溉面积 4 284 万亩，有效灌溉率为 35.3%，仅为全国平均水平的 78.5%。

珠江流域粮食作物以水稻为主，其次为玉米、小麦和薯类。经济作物以甘蔗、烤烟、黄麻、蚕桑为主，特别是甘蔗生产发展迅速，糖产量约占全国的一半。

珠江流域是我国交通运输较发达地区之一，已建立比较完善的水运、铁路、公路、航空等综合交通运输体系。初步形成了以西江航运干线、右江、柳江、黔江、北江、东江和珠江三角洲高等级航道等为骨干，其他航道为基础的航道架构，以贵昆线、南昆线、湘黔线、京广线、京九线、大柳线等铁路干线为横纵线的铁路网络，京珠、衡昆、沪瑞、渝湛、二河等高等级公路线网贯穿流域东西南北。流域内建有南宁、桂林、柳州、百色、梧州、广州、深圳、珠海、佛山等主要机场，其中桂林、广州、深圳、珠海为国际机场，基本形成了以流域内重要城市为中心的空中航线网络。

参考文献

黎开志，谢淑琴，胥加任，等，2013. 珠江流域综合规划(2012—2030 年)[R]. 广州：珠江水利委员会.

廖远祺，范锦春，1981. 珠江三角洲整治规划问题的研究[J]. 人民珠江(1): 1-18.

刘伟，翟媛，杨丽英，2018. 七大流域水文特性分析[J]. 水文，38(5): 79-84.

乔彭年，1981. 珠江三角洲河网发育的成因分析[J]. 人民珠江(2): 31-40.

童娟，2007. 珠江流域概况及水文特性分析[J]. 水利科技与经济(1): 31-33.

胥加仕，罗承平，2005. 近年来珠江三角洲咸潮活动特点及重点研究领域探讨[J]. 人民珠江(2): 21-23.

张文明，徐爽，2018. 珠江流域统一调度管理及 2017 年调度实践回顾[J]. 中国防汛抗旱，28(4): 23-26.

① 1 亩≈666.67 m^2

第 2 章

数字流域技术

2.1　数字高程模型

20世纪50年代中后期,美国麻省理工学院摄影测量实验室主任Miller将计算机和摄影测量技术结合在一起,成功解决了道路工程的计算机辅助设计问题,并于1958年首次提出了数字地形模型（digital terrain model，DTM）这一重要概念。此后，DTM在测绘、遥感、军事、土木工程等众多领域得到了深入研究和广泛应用。对于DTM,不同部门和研究机构有各自的定义,Miller在1958年给出的定义如下：用任意坐标场中大量选择的已知坐标（X，Y，Z）的点对连续地面的简单统计表示。国内的龚健雅（2004）等也都对DTM给出过各自的定义。虽然对DTM的定义有许多种表述且各有所不同，但本质上都是对二维地理空间属性的数字化表达。

数字高程模型（digital elevation model，DEM）是DTM中最基本的部分，主要描述的特性是地面高程，其空间分布由平面坐标或经纬度地理坐标来表达。一般认为,DTM是对各种地貌指数(包括高程在内)的空间分布的数字表达,而DEM是零阶单纯的单项数字地貌模型（只包含高程信息），其他地貌指数或地形特征值如坡度、坡向、曲率及坡度变化率等均可在DEM的基础上派生。

水文学中,日益丰富的高精度DEM数据产品为分布式降雨径流模型的构建提供了地形基础数据方面的保证，使分布式降雨径流模型的优势得以充分发挥。基于DEM可以提取流域的数字河网水系、划分子流域及构建分布式降雨径流模型所需要的汇流网络；可以考虑各种地理、水文状态变量和影响因子的空间不均匀性，实现对水文要素的分布式时空模拟。国外自20世纪60年代起就开始研究利用DEM提取流域地形特征，早期的研究范围仅限于流域分水线和山谷的识别与提取，此后相继出现了各种提取河网、流域边界及子流域的方法。我国在20世纪90年代开始应用DEM构建分布式降雨径流模型，初期主要是应用国外软件，后来许多学者重点研究了利用复合地理信息提取流域特征因子，确定水系阈值，以及DEM分辨率对流域特征提取的误差分析等。

DEM可以采用数学方法定义表面或采用图形方法（点、线、影像）表示表面。在地理信息系统（geographic information system，GIS）中，规则格网或栅格（grid）模型、等高线（contour）模型和不规则三角网（triangulated irregular network，TIN）模型是三种表示DEM的最主要的模型，其中以栅格DEM应用最为普遍。下面主要介绍栅格DEM的数据结构及数据获取途径。

2.1.1　栅格 DEM 数据结构

栅格 DEM 用带有 Z 值的具有统一步长的规则格网来模拟地形表面，可以用相邻点之间插值的方法估计表面任一位置的值。格网的分辨率（栅格单元的高和宽）决定了栅格表面的精度。

栅格 DEM 是最常用的模拟地形表面的数据模型，其数据的间隔或分辨率在水平和垂直方向是固定的，可以用文件头记录格网间距、原点（或左下角）坐标值等信息，用矩阵按行（或列）记录每个栅格单元的高程值，用行列号结合文件头信息即可表示每个栅格的平面坐标。一般而言，实际地形范围是不规则的，而栅格 DEM 的边界范围是规则矩形，那些不在研究区域内的 DEM 值（或无效数据）在栅格 DEM 内的表示方法，一般是给出一个特殊的常数值，如–9 999 等。栅格 DEM 的存储格式有二进制和美国信息交换标准代码（American standard code for information interchange，ASCII）两种，很多 GIS 软件可以处理和转化各种栅格 DEM 数据格式，如开源的 GDAL（geospatial data abstraction library）、GRASS（geographic resources analysis support system）、SAGA（system for automated geoscientific analyses）、QGIS（quantum GIS）等工具，商业软件如 ArcGIS、ERDAS IMAGINE、ENVI 等。

ArcGIS 中可以直接导入（ASCII To Raster）和导出（Raster To ASCII）以 ASCII 格式存储的栅格 DEM，称为 ASCII GRID 文件格式。整个数据文件包含数据头和数据体两部分。其中主要属性信息放在文件数据头内；数据体部分按矩阵存储代表该矩形格网的地形特征值，ArcGIS 中 ASCII GRID 格式的栅格数据结构如图 2-1 所示。

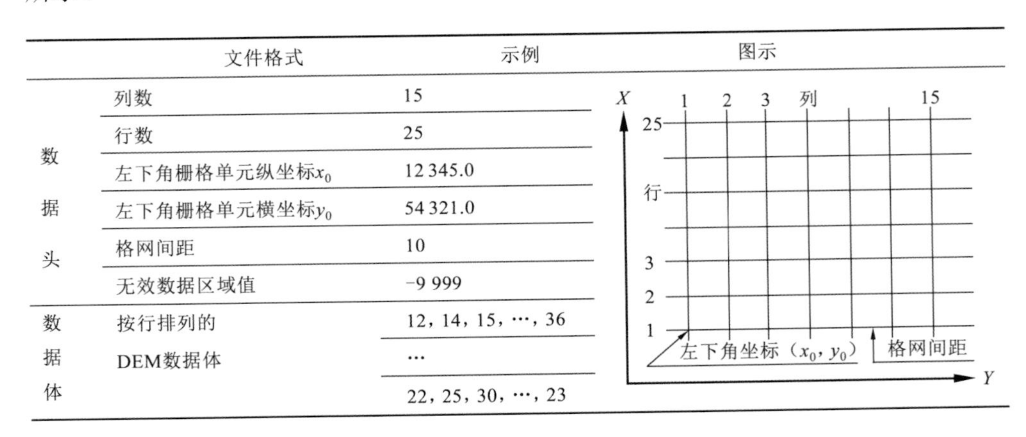

文件格式		示例
数据头	列数	15
	行数	25
	左下角栅格单元纵坐标x_0	12 345.0
	左下角栅格单元横坐标y_0	54 321.0
	格网间距	10
	无效数据区域值	-9 999
数据体	按行排列的DEM数据体	12，14，15，…，36
		…
		22，25，30，…，23

图 2-1　ArcGIS 中 ASCII GRID 格式的栅格数据结构

（1）数据头：记录栅格 DEM 矩阵的行列数、左下角起点坐标、格网间距、无效数据区域值等内容。

（2）数据体：地形特征值数字阵列（矩阵），按行或列存储。

栅格 DEM 的缺陷是：在地形平坦的地方，存在大量的数据冗余；在不改变格网大小的情况下，难以表达复杂地形的突变现象；在某些计算，如通视问题中，过分强调栅格的轴方向。

但栅格 DEM 结构简单，存储和操作方便，容易编写程序让计算机自动处理，且与土壤、植被、地质等遥感数据在结构上容易匹配和空间叠加，适合与雷达测雨信息、气候模式和数值天气预报的输出信息相耦合。基于栅格 DEM 的分布式降雨径流模型的研究和应用是水文模型研究的热点之一，栅格 DEM 作为基础数据，其可获得性和精度越来越高，被广泛应用于流域降雨径流模拟中河网水系的提取与地形指数（topographic index，TI）的计算。

2.1.2 DEM 数据获取途径

目前，DEM 数据主要来源于：①地形图数字化；②摄影测量；③卫星遥感数据。随着计算机技术的普及，当无法获取研究区域的地形图和立体影像时，可以从互联网上方便地下载各种不同精度的卫星遥感 DEM 数据。不同规格和文件格式的 DEM 数据产品有很多，常用的卫星遥感 DEM 数据包括：①GTOPO30（空间分辨率约为 1 km）；②SRTM（美国本土精度为 30 m，全球有 90 m 和 1 km 两种分辨率产品）；③最新的高分辨率 ASTER GDEM（全球为 30 m 分辨率）。下面将对这三种卫星遥感 DEM 数据产品进行详细介绍。

（1）GTOPO30：GTOPO30 是全球数字高程模型（global digital elevation model，GDEM），由美国地质调查局（United States Geological Survey，USGS）于 1996 年公开发布，空间分辨率为 30″（约为 1 km），高程值的范围为−407～8 752 m。GTOPO30 数据把全球分为 33 个区，其中 27 个文件包括了南纬 60°至北纬 90°、西经 180°至东经 180°的范围，每个文件覆盖了 50 个纬度和 40 个经度范围，数据名称是以数据覆盖区域的左上角的经纬度命名的。GTOPO30 未考虑海面地形，在海洋上的高程一律取为零值。下载地址为：https://earthexplorer.usgs.gov/。

（2）SRTM：SRTM 即航天飞机雷达地形测绘任务（shuttle radar topography mission，SRTM），于 2000 年 2 月由美国国家航空航天局（National Aeronautics and Space Administration，NASA）、原美国国家影像制图局（National Imagery and Mapping Agency，NIMA）及德国和意大利的航天机构共同合作完成。通过对“奋进”号航天飞机所获取的地球表面三维雷达数据进行处理，最终生成了 SRTM 数据。SRTM 数据覆盖了从北纬 60°至南纬 56°之间 80%的陆地区域，包括三种不同分辨率的产品：SRTM1 的空间分辨率为 1 s（约为 30 m），覆盖范围仅仅包括美国大陆；SRTM3 的空间分辨率为 3 s（约为 90 m），数据覆盖全球，是目前使用最为广泛的数据集，数据平面精度为±20 m，垂直高程精度为 ±16 m；SRTM30 的分辨率为 30 s（约为 1 km），覆盖全球范围。多种分辨率 SRTM 数据的出现，为基于 DEM 的数字流域构建和分布式降雨径流模型研究提供了新的 DEM 数据源，缓解了流域 DEM 数据的获取和质量方面的压力。SRTM 产品第 1 版公开发布于 2003 年，此后历经多次修订和填补无值区，数据质量不断得到改善。版本 V4.1 由国际热带农业中心（International Center for Tropical Agriculture，CIAT）利用新的插值算法得到，更好地填补了数据空洞。下载地址为：http://srtm.csi.cgiar.org/。

（3）ASTER GDEM：ASTER GDEM 即先进星载热发射和反射辐射仪全球数字高程模型（advanced spaceborne thermal emission and reflection radiometer global digital elevation model，ASTER GDEM），与 SRTM 一样可以免费下载，其全球空间分辨率为 30 m，垂直精度为 20 m，水平精度为 30 m。该数据是根据 NASA 的新一代对地观测卫星 Terra 的详尽观测结果制作完成的。其数据覆盖范围为北纬 83°至南纬 83°的所有陆地区域，覆盖了地球陆地表面的 99%的范围。目前共有两个版本，第 1 版（V1）于 2009 年公布，第 2 版（V2）于 2011 年 10 月公布。ASTER GDEM 数据的详细说明和下载网址为：https://asterweb.jpl.nasa.gov/gdem.asp。

2.2　基于 DEM 的数字流域信息提取

2.2.1　数字流域信息提取原理

流域是指用分水线来界定的一条河流或水系的集水区域，流域面积就是分水线所包围的集水区域的面积。较大的流域往往是由若干个较小的流域联合组成的。流域中的河网水系构成一个树状结构，河网水系是一个流域的基本水文参数，描述了流域的地理和水文特征。

基于栅格 DEM 采用坡面汇流过程模拟方法提取数字流域河网水系和特征信息，流程如图 2-2 所示，首先要对 DEM 数据进行填洼预处理，生成无洼地的 DEM，并确定每个栅格的水流方向，再根据栅格水流方向计算出每个栅格的汇流能力或集水面积，然后采用临界支撑面积（critical support area，CSA）阈值法确定河流网络，最后通过流向、河流网络和流域出口位置提取出所有子流域。整个过程主要

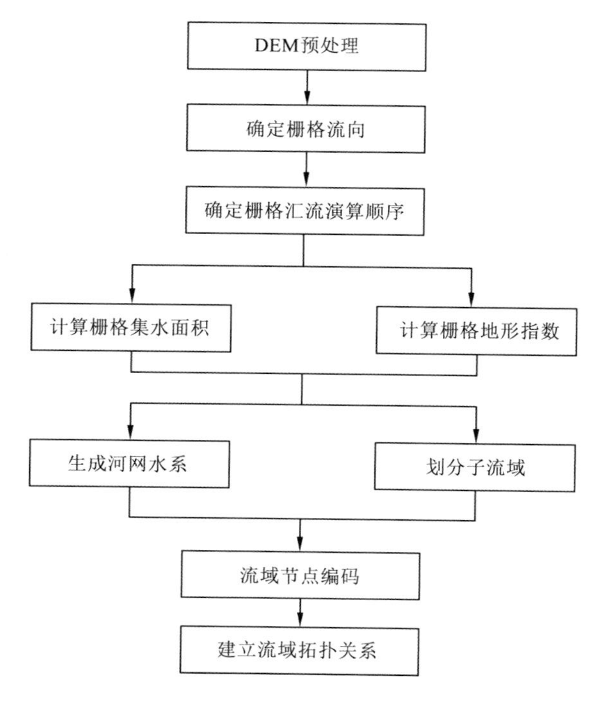

图 2-2　数字流域信息提取流程图

包括 DEM 预处理、确定栅格流向、确定栅格汇流演算顺序、计算栅格集水面积、计算栅格地形指数、生成河网水系及划分子流域。其关键在于解决洼地和平坦区的识别与处理、栅格流向确定、临界支撑面积阈值确定等问题。

2.2.2　DEM 预处理

受地形资料的质量、栅格分辨率、插值方法误差等的限制，原始 DEM 数据中往往存在着许多无法给栅格赋流向的情形，如洼地（或凹陷）和平坦区。洼地单元的高程比周围单元低，会造成水流路径不连续；平坦区是栅格高程与周围栅格相等的连续区域。由于洼地和平坦区的存在，无法确定相应栅格的水流方向，从而影响河网水系的准确提取。因此，基于 DEM 提取河网水系，首先应对 DEM 进行预处理，将洼地和平坦区改造成微坡面，使每个栅格都有一个明确的水流方向（万民 等，2008）。

DEM 预处理过程需要解决的关键问题是：原始 DEM 中洼地和平坦区的识别及洼地和平坦区的处理。其中，对洼地和平坦区及其嵌套、连通等复杂情形的处理是整个预处理过程中最费时和关键的步骤。

1．洼地和平坦区的产生原因与识别

在 DEM 的生成过程中,对栅格高程的低估和高估都可能形成伪负地形(Martz et al.,1998a),如图 2-3 所示。

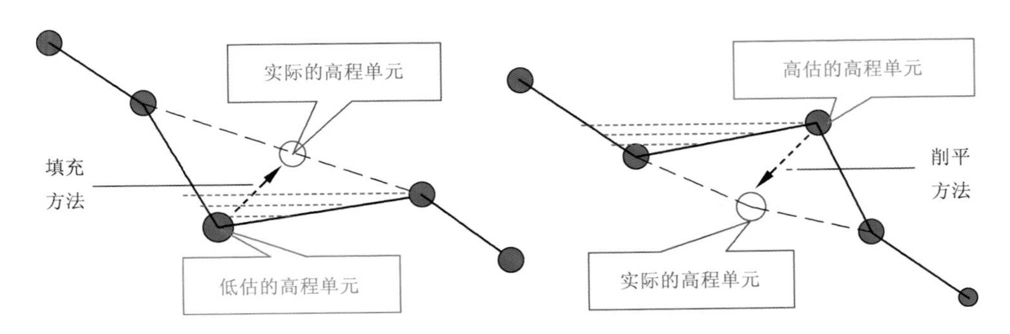

图 2-3　伪负地形示意图

但是,随着地形测量技术的进步和高分辨率 DEM 数据的日益丰富,DEM 中的洼地和平坦区还可能源于湖面与河面等真实的地貌平面。徐涛等（2004）分析了它们的主要区别:由河流和湖泊形成的凹陷与平原呈线状连续分布或大面积块状分布,具有一定的面积和高程差;而伪凹陷和伪平原的规模较小,且呈分散零星分布。洼地和平坦区可以采用面积和高程差这两个阈值来识别伪负地形,如图 2-4 所示。

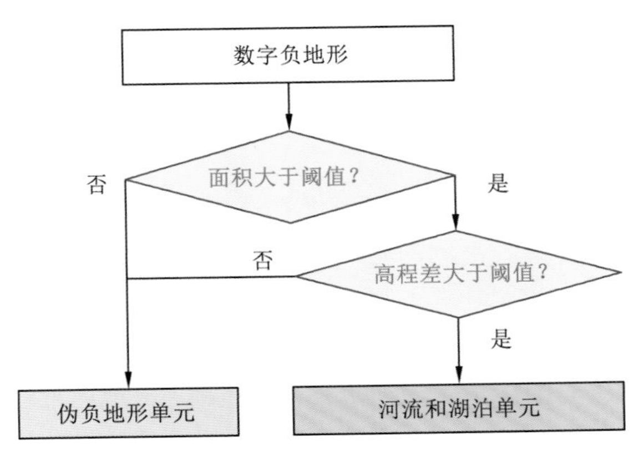

图 2-4　伪负地形识别流程

2．洼地的处理

DEM 中洼地的处理方法主要可分为四类:平滑 DEM 数据法、洼地填充法、洼地裂开法、裂开–填充综合法。

1）平滑 DEM 数据法

早期的一些学者曾采用平滑 DEM 数据来消除洼地，如 O'Callaghan 等（1984）建议先平滑整个 DEM 数据来处理简单洼地，以减少洼地数目，提高处理效率。但是，平滑方法只能处理较浅而小的洼地，对大而深的复杂洼地情形则无能为力，而且平滑处理还损失了原始 DEM 数据中包含的细节信息。

2）洼地填充法

洼地填充法来源于水流注满洼地后溢出的思路，由 O'Callaghan 等（1984）提出。该方法假设所有的洼地都是由栅格单元的高程值偏小（高程低估）造成的［图 2-5（a）］，首先找出洼地的位置、范围和该洼地边界上的最低出流栅格，然后用该最低出流栅格的高程将洼地内所有栅格单元填平，如图 2-5（b）所示。

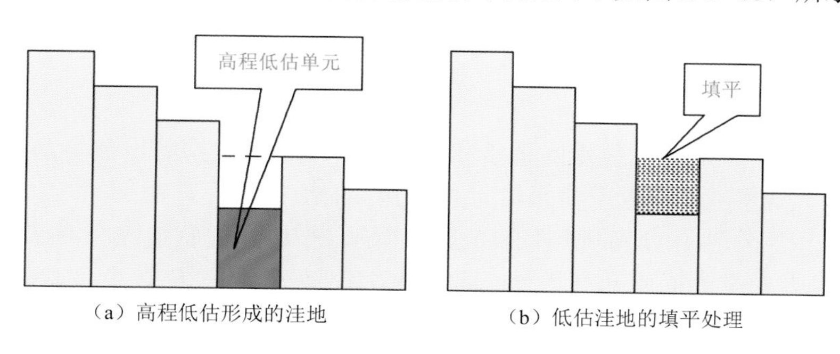

（a）高程低估形成的洼地　　（b）低估洼地的填平处理

图 2-5　高程低估形成的洼地及其填平处理示意图

洼地填充法通过抬升洼地单元格的高程值来填平独立洼地，以减少需要进一步处理的洼地数目，却难以处理嵌套或连通等复合洼地。后来，许多学者在此基础上进行了改进。

Jenson 等（1988）、Martz 等（1988）在运用坡面流模拟法提取河网过程中，均采用了填平洼地的方法。不同的是，Jenson 等（1988）认为闭合洼地和平坦区域是伪负地形，应当加以矫正；而 Martz 等（1988）认为闭合洼地和平坦区域是真正的地表形态，应将闭合洼地作为池塘处理，即将其用水填满直到溢出。这两种方法均可以处理所有的洼地区域，如嵌套型洼地、平地内部洼地、DEM 边界切断洼地等复杂地形情况，在 DEM 预处理中得到了广泛的应用。国内许多研究者（王建平 等，2005；刘光 等，2003；任立良 等，2000a，2000b，2000c，1999；任立良，2000）对这两种方法进行了归纳、分析和对比。

李志林等（2003）采用独立洼地直接填平，复合洼地先合后填平的方法处理洼地。赵杰（2004）通过提取洼地的一些矢量特征，将矢量操作与栅格操作结合起来对洼地进行归并和填平处理。李勤超等（2007）则进一步将洼地、平地抽象为矢量对象，建立了洼地、平地矢量结构模型，操作这些矢量对象完成对洼地的归并和填平等处理，取得了较好的效果。

3）洼地裂开法

Garbrecht 等（1997a，1997b）将洼地分成两类：凹陷型洼地和阻挡型洼地。对凹陷型洼地，采用常规的洼地填充法。而对阻挡型洼地，则降低阻挡物所在处的栅格高程，使水流突破封闭洼地。Martz 等（1999）针对阻挡型洼地提出了洼地裂开法。该方法假设洼地部分是由栅格 DEM 单元的高程高估引起的，如图 2-6（a）所示。通过降低洼地边缘处的“栏坝型”栅格单元的高程，来模拟水流下切裂开洼地，如图 2-6（b）所示。

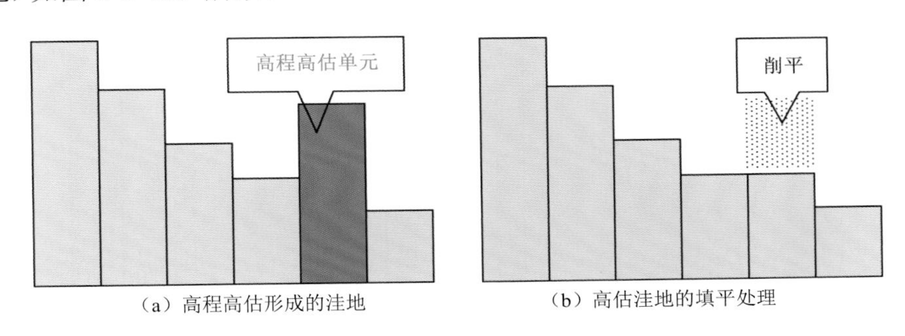

（a）高程高估形成的洼地　（b）高估洼地的填平处理

图 2-6　阻挡型洼地及其处理方法

4）裂开–填充综合法

洼地填充法会影响地形的原始属性特征，会使整个洼地区域的高程抬升，从而在矫正后的 DEM 中引入系统误差，尤其是对具有狭窄出口的湖泊或湿地等地形。洼地裂开法可以将裂开深度限制为一个或两个栅格，从而大大减少需要填充的洼地栅格数量，提高洼地处理的效率，但是其对洼地剩余部分的处理必须依赖于洼地填充法。因此，在实际应用中，往往将洼地裂开法和洼地填充法综合起来使用。

3．平坦区的处理

无论是 DEM 中原有的平坦区，还是洼地填平后产生的平坦区，都需要处理以确定其栅格单元的水流方向。根据对流向模式的不同假设，平坦区的流向处理主要有平行流向模式和汇聚流向模式两种，如图 2-7 所示。

1）平行流向模式

Jenson 等（1988）提出，将平坦区栅格的流向指定为从入口到出口的最短路径所在方向。它简化了平坦区栅格流向变化的多样性，使河流呈直线，会产生不合理的平行河网。

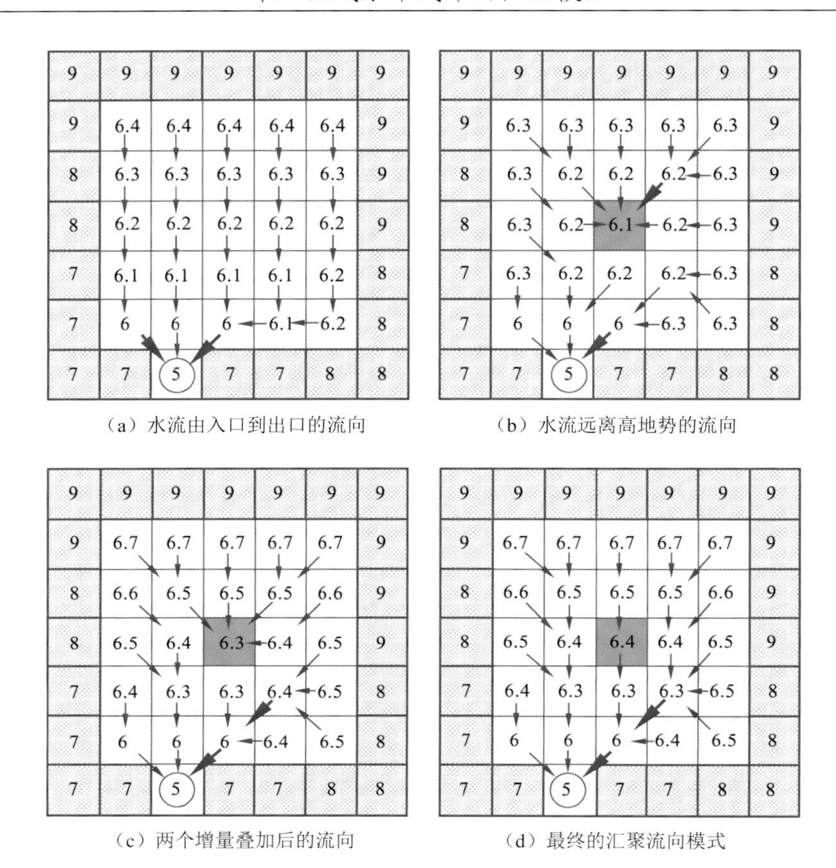

（a）水流由入口到出口的流向　　（b）水流远离高地势的流向

（c）两个增量叠加后的流向　　（d）最终的汇聚流向模式

图 2-7　平行流向模式与汇聚流向模式的示意图（小数部分为高程增量）

Martz 等（1992）认为在数字高程流域水系模型（digital elevation drainage network model，DEDNM）中平坦区存在着微小的地形起伏，只是无法被 DEM 的空间分辨率所识别，于是采用微地貌起伏算法（或高程增量叠加算法）设定平坦区内栅格的水流方向。该算法在平坦区内所有栅格单元上依次叠加一个很小的高程增量，将平面改造成斜坡，使栅格流向按最短路径方向由入口流向出口，如图 2-7（a）所示。整个伪平坦区的流向是一种平行流向模式，没有考虑平坦区周边地形对水流的汇聚作用，与自然界中河流的一般流向模式并不相符，在地形起伏较小的河口平坦地区表现得非常突出。

2）汇聚流向模式

许多研究者认为汇聚流向模式是比较符合一般河流的流向模式。Tribe（1995）对有河道穿过的大洼地，在入口与出口之间划一直线来确定主河道，河道两侧栅格的水流流向则垂直指向主河道。这种方法可使河流在平坦区内通过的距离最短。

Garbrecht 等（1997a，1997b）认为平坦区周围的地形格局对水流路径有汇聚作用，在微地貌起伏算法（Martz et al.，1992）的基础上，提出了一种汇聚流向模式的处理方法。该方法采用高程微增量分别从较高地形和较低地形开始增加平坦区的栅格高程，使其被抬升，从而产生两个坡降：一个坡降使水流从入口流向出口，如图 2-7（a）所示；另一个坡降使水流从高地流向低地，如图 2-7（b）所示。最终将这两个高程微增量叠加，从而产生一个汇聚流向模式，如图 2-7（c）、（d）所示。这种方法考虑了周边地形起伏对水流的汇集作用，避免了任意设置排水路径的弊端，极大地改善了平行水流问题，使水流在局部呈现出曲化或环流的情况，比较符合自然界河流的实际形态特征。

4. 洼地和平坦区一体化处理方法

Moran 等（1993）提出了一种洼地和平坦区一体化处理算法（简称 M&V 算法），Planchon 等（2002）将其实现。该算法基于水流注满洼地后溢出的思想，首先用一较大临时水面高程值将 DEM 除边界栅格外的其他栅格淹没，然后从 DEM 边界出口栅格开始，通过比较栅格原高程值和假定的水面高程值，迭代移除栅格 DEM 上填洼后多余的水，最后得到栅格填洼后的高程。只需要在填洼过程中确保每个栅格有比自己低的相邻栅格，就可省去对平地的处理。王建平等（2005）研究发现，M&V 算法在时间复杂度和通用性上要优于常规方法，且易于理解与实现。

Wang 等（2006）提出了一种快速通用的 DEM 预处理方法（简称 W&L 算法）。该算法将栅格的溢流高程（spill elevation）作为搜索代价来确定搜索顺序，用优先队列（priority queue）数据结构来存储搜索路径，溢流高程最小的栅格具有最高优先级，可以被访问或删除。溢流高程的确定方法是：如果栅格能够确定自身水流方向，则其溢流高程就等于栅格原始高程；如果栅格为洼地，则其溢流高程是使水能从栅格溢出而流向 DEM 边界的最小高程，并将洼地栅格的高程抬升至溢流高程。W&L 算法在搜索过程中，由流域边界向流域内部搜索，首先将流域 DEM 边界栅格存入优先队列，则溢流高程最小（具有最高优先级）的栅格为最优搜索方向。然后，对其进行最优搜索路径扩展和栅格溢流高程确定，每搜索完一个优先队列栅格，就将其从队列中移除，使队列产生新的具有最高优先级的栅格，并将其作为最优搜索方向，重复上述搜索过程直至搜索完所有优先队列栅格，过程如图 2-8 所示。最后，将确定栅格溢流高程时的搜索方向反向，就可以得到各栅格的水流方向，将填洼后的 DEM 与原始 DEM 数据相减就可以确定洼地的分布和填洼深度。该算法效率较高，通用性很强。

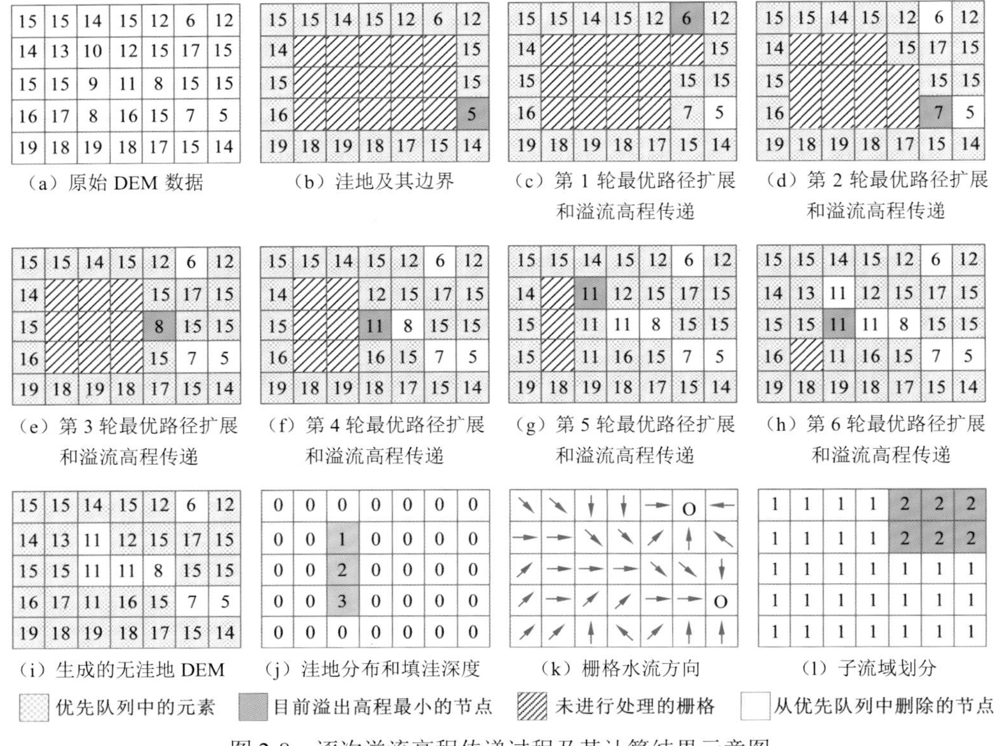

图 2-8　逐次溢流高程传递过程及其计算结果示意图

2.2.3　栅格流向

在栅格 DEM 中，流域平面坐标一般用矩形栅格的行列号来度量。若平面栅格尺寸记为$\Delta l \times \Delta l$，则平面坐标(x, y)可用栅格序号(i, j)来代替，需要时再转化为$x = i \cdot \Delta l$和$y = j \cdot \Delta l$，其 8 个相邻栅格的平面坐标可表示成$(i+m, j+n)$ $(m = -1, 0, 1;\ n = -1, 0, 1)$，且$m$和$n$不能同时取零值（图 2-9）。

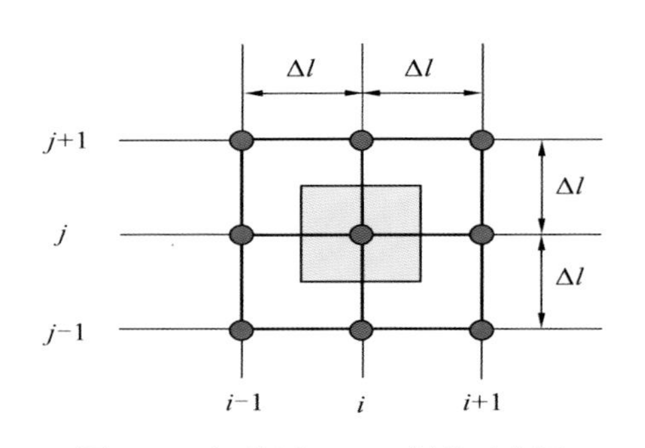

图 2-9　平面栅格 DEM 划分示意图

一般地，可根据图 2-9 中 3×3 的栅格高程窗口来判断水流方向，如果栅格(i, j)的高程比周围 8 个相邻栅格的高程高，那么从栅格(i, j)流出的水将会有 8 个方向。因此，在栅格存在多个流向的情况下，需要根据地表坡度进行流量分配，从而确定栅格流向。地表坡度一般记为$\tan\beta$，从栅格(i, j)到其任一相邻栅格

的地表坡度计算公式为

$$\tan\beta_{(i,j)\to(i+m,j+n)}=\frac{z(i,j)-z(i+m,j+n)}{\sqrt{m^2+n^2}\cdot\Delta l} \tag{2-1}$$

式中：$z(i,j)$为栅格(i,j)的高程；$z(i+m,j+n)$为任一相邻栅格的高程；Δl 为栅格宽度。

目前，确定栅格流向的方法主要可分为：①单流向法；②多流向法。以下将具体介绍这两类方法。

1．单流向法

单流向法的思路为：假定每个栅格的水流方向是唯一的，所有流量始终顺着最陡的一个坡度流出。其具体方法包括 D8 算法（O′Callaghan et al.，1984）、Rho8 算法（Fairfield et al.，1991）、DEMON 算法（Costa-Cabral et al.，1994）、Lea 算法（Tarboton，2001）、D∞算法（Tarboton，2001）等。其中，常用的方法主要是 D8 算法和 Rho8 算法。

1）D8 算法

D8 算法又称确定性最陡坡度法，由 O′Callaghan 等（1984）提出，是应用最广泛的一种流向确定算法。该方法假定每个栅格的流向是确定且唯一的。地表坡度的计算采用式（2-1），记$(i+m,j+n)$为栅格(i,j)周围 8 个相邻栅格中高程最低的一个，其坡度记为

$$\tan\beta_{(i,j)\to(i+m,j+n)}=\max_{m,n}[\tan\beta_{(i,j)\to(i+m,j+n)}] \tag{2-2}$$

由此可知，根据 D8 算法确定的栅格流向为$(i,j)\to(i+m,j+n)$。

2）Rho8 算法

Rho8 算法又称随机性最陡坡度法，由 Fairfield 等（1991）提出。该方法也认为每个栅格流向是唯一的，但是在计算每个栅格周围 8 个方向上的地表坡度时，Rho8 算法并不完全采用式（2-1），而是提出了下面的计算方法：

$$\tan\beta_{(i,j)\to(i+m,j+n)}=\begin{cases}\dfrac{z(i,j)-z(i+m,j+n)}{\Delta l}, & m^2+n^2=1\\[2ex]\dfrac{z(i,j)-z(i+m,j+n)}{(2-u)\Delta l}, & m^2+n^2=2\end{cases} \tag{2-3}$$

式中：u 为一个在区间[0，1]上服从均匀分布的随机变量。

从式（2-3）可以看出，在与坐标轴平行的 4 个方向上，相邻两个栅格之间的地表坡度是确定的；而在与坐标轴相交的 4 个方向上，相邻两个栅格之间的地表坡度是一个随机变量。从栅格(i,j)出发的水流流经的下一个栅格的空间位置

$(i+m, j+n)$仍由式（2-2）确定。

无论是 D8 算法还是 Rho8 算法，两者共同的缺点是不能有效模拟地势平坦区的发散水流。

2．多流向法

为了改进单流向法无法有效模拟地势平坦区发散水流的缺陷，Freeman（1991）提出了一种多流向法。多流向法认为任何一个地表坡度 $\tan\beta>0$ 的方向上都会有水流顺流而下，而从栅格(i, j)流向任一较低方向的水量占总出流量的比重为

$$f_{(i,j)\to(i+m,j+n)}=\frac{[\tan\beta_{(i,j)\to(i+m,j+n)}]^p}{\sum\limits_{m,n,\tan\beta>0}[\tan\beta_{(i,j)\to(i+m,j+n)}]^p} \tag{2-4}$$

式中：$f_{(i,j)\to(i+m,j+n)}$ 为从栅格(i, j)流向栅格$(i+m, j+n)$的流量分配系数；p 为一个经验指数。

当 $p=0$ 时，多流向法就成为多向平均流法；当 $p\to+\infty$ 时，多流向法就成为最陡坡度法。当式（2-4）中地表坡度的计算公式采用式（2-1）时，多流向法被称为确定性多流向法；当式（2-4）中地表坡度的计算公式采用式（2-3）时，多流向法被称为随机性多流向法。实际应用中，一般多采用式（2-1）来计算式（2-4）中的地表坡度。

2.2.4　栅格汇流演算顺序

数字流域以汇流网络为载体进行汇流演算。进行流域分布式降雨径流模拟时，在流域栅格汇流非线性的假设条件下，各个栅格到流域出口的汇流过程不再满足叠加和倍比假定，此时需要严格按照水流在栅格间汇集的先后顺序进行演算。

在熊立华等（2004a，2004b）所提出的基于 DEM 的分布式降雨径流模型（DEM-based distributed rainfall-runoff model，DDRM）中，汇流演算包括两个步骤：栅格汇流演算和河网汇流演算。与河网汇流演算一样，确定流域 DEM 中每个栅格的汇流演算顺序是准确描述水流时空分布的关键之一。河网汇流演算主要是基于河道节点之间的上、下游关系；而栅格汇流演算主要是基于每个栅格和周围相邻栅格之间的水流联系。由于一个流域上的栅格数目远远大于流域水系中河道节点的个数，确定流域 DEM 中每个栅格的汇流演算顺序比确定流域水系中河网汇流演算顺序更加复杂。

应用基于 DEM 的分布式降雨径流模型进行栅格汇流计算时，各个栅格的汇流演算顺序是根据栅格的流向来确定的。首先对各栅格进行产汇流模拟，得到栅格出流过程；然后将各栅格的出流过程通过河道流量演算至下游栅格再叠加（先演

后合法），即可得到流域出口处栅格的出流过程。

熊立华等（2007）提出了分级确定法来确定栅格汇流演算顺序，该方法的总体思路为：从流域出口栅格开始，根据各栅格流向搜索其邻近上游栅格进行分级，流域出口为第 1 级，流向第 1 级单元的相邻入流栅格为第 2 级，依此类推，从而将整个流域的计算栅格分为不同的计算级别，汇流计算从最上游的源头栅格开始，逐级向下游栅格演算。因此，各栅格的分级汇流顺序至关重要，它体现着栅格之间的时空拓扑关系、水力联系和水量平衡。分级确定法的具体计算流程如下。

（1）记流域 DEM 上栅格个数为 N，用一维数组 Order$(1:N)$ 来保存每个栅格的汇流级别，用数组 Sep$(1:N)$ 来保存每个栅格的汇流演算顺序。

（2）赋初值：Order$(1:N)=-1$；Sep$(1:N)=-1$；$k=0$，k 为整数。

（3）栅格汇流分级。①根据栅格高程，找到高程最低点、集水面积最大点，即流域出口栅格，将 k 的值加 1，这样就可以确定流域出口栅格的汇流级别为 k=1。②根据流向从流域出口向上搜索，找到其周围相邻的上游栅格，然后将这些栅格的汇流级别 k 加上 1，即 $k=k+1$。继续向上搜索，直到所有栅格的演算级别都确定，即 Order$(1:N)$ 中每个元素的值都大于 0。数组最大值为栅格最大的汇流级别，记为 K。汇流级别相同的栅格个数记为 $t(k)$，并且满足条件 $\sum_{k=1}^{K} t(k)=N$。

（4）对流域出口而言，其汇流级别为 $k=1$，并且这种汇流级别的栅格只有一个。假设其对应的栅格编号为 l，则 Seq$(l)=N$。

（5）对 $k=2,3,\cdots,K$ 中的每一个取值，重复步骤（5）。找到级别为 k 的所有栅格数，记为 $t(k)$，所有对应栅格的编号用 $l[1:t(k)]$ 来表示。该级别的所有栅格的汇流演算顺序由下式确定：

$$\mathrm{Seq}[l(x)]=(N+1)-x-\sum_{s=1}^{k-1} t(s), x=1,2,\cdots,t(k)$$

2.2.5　栅格集水面积

栅格集水面积定义为流经某段等高线的流量所对应的上游来水面积，记作 A_c；单宽集水面积定义为每单位宽度的等高线所对应的上游来水面积，记作 α。栅格集水面积 A_c 的计算过程遵循从流域最高点到流域最低点演算的顺序（熊立华 等，2007，2004a），具体计算过程如下。

（1）将流域表面上的每一个栅格按照高程的大小从高到低排序。假定代表流域地貌的 DEM 共有 N 个点，那么排序后的第 N 个点即高程最低的栅格，为流域出口处。

（2）将流域表面上的每一个栅格的集水面积的初始值都赋值为$(\Delta l)^2$（Δl为单个栅格的宽度），代表降雨来源。对流域最高点，因为除降雨外，没有栅格流量汇入，集水面积始终为$(\Delta l)^2$。

（3）对$i=1,2,\cdots,N$，重复步骤（4）。

（4）到流域的第 i 个栅格时，其集水面积A_{ci}已经计算出来。根据栅格流向，把第i个栅格的集水面积A_{ci}分配到周围 8 个相邻栅格上，并更新相邻栅格的集水面积。

为计算流域表面上某栅格的单宽集水面积，必须先确定每个栅格流向所对应的等高线宽度。栅格i的单宽集水面积α_i计算公式为

$$\alpha_i = \frac{A_{ci}}{C_i} \tag{2-5}$$

式中：A_{ci}为第i个栅格的集水面积；C_i为第i个栅格中流向所对应的等高线宽度，在与坐标轴平行的 4 个方向上，对应的等高线宽度$C=\Delta l$，而与坐标轴相交的 4 个方向上，对应的等高线宽度$C=\sqrt{2}\Delta l/2$。

2.2.6　栅格地形指数

栅格地形指数（TI）是地形特征的数学表达方式，最开始由 Beven 等（1979）提出，是以地形为基础的 TOPMODEL 半分布式流域水文模型的重要参数。栅格地形指数概念在水文模拟、生态监测、气候变化、地球物理化学等领域已经得到了广泛的应用与发展。作为近似表达流域径流源面积空间分布的模型核心参数，栅格地形指数被提出来后，国际上众多学者对其计算方法进行了大量细致的研究，提出了各种计算方案，以求更客观地表达流域径流源面积的空间分布状况（孔凡哲 等，2003）。栅格地形指数是一个综合表达式，它反映了径流在流域任一点的累积流动趋势。栅格i处的栅格地形指数（TI_i）定义为

$$\mathrm{TI}_i = \ln\left(\frac{\alpha_i}{\tan\beta_i}\right) \tag{2-6}$$

式中：α_i为第i个栅格的单宽集水面积；$\tan\beta_i$为第i个栅格的地表坡度。

2.2.7　河网水系生成与子流域提取

提取河网水系的方法目前来说主要有两种。一种是谷点提取法，由 Johnston 等（1975）提出，通过将提取出的谷点进行连接处理，得到河道和河网。该方法有很大的局限性，易受 DEM 中错误信息的干扰，导致山谷延伸到太高的地方或丢失

平坦区的地形特征信息，水系不连续，与自然现象不符的结果。因此，该方法实用性不强，并且受很多因素影响，不容易掌握和应用。另一种是基于栅格 DEM 的地表径流汇流模拟法，由 O′Callaghan 等（1984）提出，通过模拟地表水流的汇流过程来提取水系。该方法首先需要确定栅格 DEM 单元的水流方向，然后根据栅格单元的水流方向计算每个栅格的汇水能力或集水面积，再选择一个合适的集水面积阈值，大于或等于该阈值的栅格被标记为水系的组成部分，进而由栅格汇流关系确定分水线，划分出流域。该方法简单，能直接产生连续的数字河网，同时具有一定的物理基础，被认为是比较符合实际的处理方法。

根据 DEM 提取流域河网水系的一种最常用的方法是集水面积法（熊立华 等，2004b），该方法总体上分为两步：首先计算出流域上各栅格的集水面积；然后通过分析临界支撑面积取值对所提取的水系总长度及平均坡度的影响，确定反映该流域河流地貌发育的临界支撑面积。

临界支撑面积一般定义为支撑一条河道永久性存在所需要的最小集水面积（Montgomery et al.，1992）。具有临界支撑面积的地方，通常就被认为是河流的发源地。根据 DEM 提取流域河网水系时，一般假定临界支撑面积是一个常数，即在流域内任何地点都相同。然而，流域支撑面积取决于很多因素，如地面坡度、土壤性质、地下水影响、地表植被及气候条件等，因此，临界支撑面积在流域内各处不一定完全相同。当临界支撑面积取一个常数值时，有可能会使从 DEM 中提取的流域河网水系和实际情况有些差别，如漏掉或者多出一些较低级别的水系，从而导致数字水系的总长和河网密度等统计值可能偏小或者偏大。但是，临界支撑面积的选择对预测和确定流域主要河道的空间位置没有影响。确定一个流域河网地貌发育的临界支撑面积的一般方法如下：首先给定临界支撑面积的取值范围；在各个不同的临界支撑面积取值下，计算所对应的数字水系总长度、平均坡度或者河网密度；做出数字水系总长度–临界支撑面积关系曲线、平均坡度–临界支撑面积关系曲线或河网密度–临界支撑面积关系曲线（图 2-10）；曲线的转折点所对应的临界支撑面积即可被视为流域河流地貌发育的临界支撑面积。

将集水面积值大于临界支撑面积的栅格设为 1，小于临界支撑面积的栅格设为空值或者 0，即可生成该流域的河网水系。进一步检查河网水系的所有交点，确保河流交接处无断点。在水系生成后便可进行子流域提取，步骤如下。

（1）在提取子流域之前，先给定一个子流域临界支撑面积值。

（2）生成一个初值为 0 的子流域号矩阵，然后搜索 1 号子流域，根据前面生成的集水面积矩阵，搜索出具有最大集水面积的栅格。从该栅格出发，搜索流经该点邻近的河流栅格，分别判断这些河流栅格是否是河流交点。如果不是交点，则该点赋值为当前的流域号；如果是交点，再判断流经该点邻近的河流栅格的集水面积

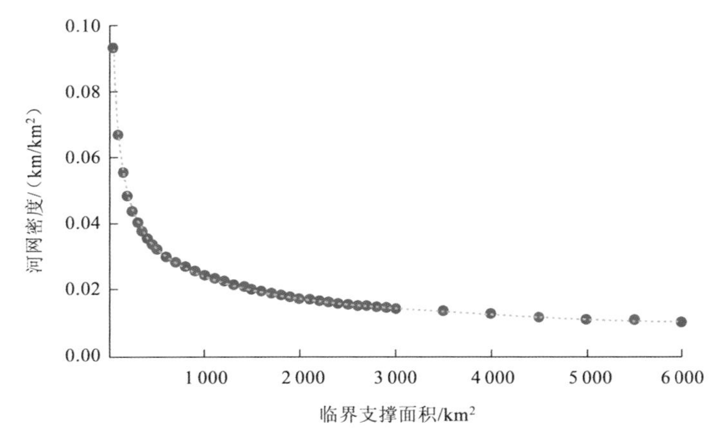

图 2-10　河网密度–临界支撑面积关系曲线

值是否大于阈值，如果其中任意一个大于阈值，则停止该条流域的追踪，否则按照上面的方法继续追踪下去。

（3）重复以上过程，直到当前子流域无法再进行追踪，然后增加子流域号。

（4）根据集水面积矩阵，找出没有被标记流域号的具有最大集水面积的栅格，重复步骤（2）～（3）中的方法，直到没有子流域可以追踪为止。

2.3　基于水文网络模型的数字流域拓扑结构表达

对面积较小的流域，分布式降雨径流模型无需把流域划分为子流域。但是对面积较大的流域，分布式降雨径流模型需要把流域划分为子流域，这类分布式降雨径流模型通常由两个部分组成：①各子流域内的产流计算；②基于流域水文网络拓扑关系的河网汇流演算。

基于 DEM 数据和 GIS 平台可以比较准确地提取流域的水文网络和有效地描述其拓扑关系，河网水系的空间结构由水文网络的拓扑关系来确定（任立良 等，2000b）。水文网络实质上反映了流域尺度上水流流向的分布，对分布式降雨径流模型应用的成功与否起着至关重要的作用。

2.3.1　流域水文地理特征要素的空间表示

在水文学及地理学中，与流域降雨径流过程密切相关的流域特征要素包括河网水系、集水区域、河流控制断面、流域出口等。在 GIS 中，把流域中的这些水文地理特征要素称为水文对象。基于对各种水文对象的分析，GIS 水文数据模型抽象出了各种水文对象的三类基本空间形状（Maidment，2002；黄杏元 等，2001），分别为：水文节点（点），用 *N* 表示；水文边线（线），用 *L* 表示；水文区域（面），用 *W* 表示。

水文节点通常指的是流域上的测站、取水点、进水点、坝、桥、建筑物、河段的端点及河流水系上重要的位置等。水文边线主要有自然河流、人工运河、沟渠、输送地下水的管道、表征湖泊及其他水体的人工绘制的路线、海岸线、岛屿的边线、铁路、公路、城镇边界线、流域机构管辖区域的边界线、城市界线等。水文区域对象一般指的是水库、湖泊、岛屿、某个控制点对应的上游集水面积等简单的具有面积属性的对象。

在地理信息系统数据库中，每个水文对象都至少定义了这样两个属性（陈华 等，2005；Maidment，2002），分别为：水文对象标识符（HydroID）和水文代码（HydroCode）。水文对象标识符用整数表示，水文代码用字符串来表示，它们的编码在整个地理信息系统数据库中都是唯一的，完全能够代表和区分所有的水文对象。每个水文对象都具有空间特征、属性特征和时间特征，以及与其他对象之间的拓扑关系。必须指出的是，就流域水文学而言，水文对象之间的拓扑关系主要反映的是由水流流向所确定的上、下游关系。

2.3.2 流域水文网络的原理与构造

流域水文网络（hydro-network）是指由流域上的水文边线和水文节点所组成的几何网络，是 GIS 对流域实际的河网水系的一种规范化描述。必须注意的是，在同一个地理坐标位置上不能存在两个或多个水文节点。图 2-11 表示了一个自然

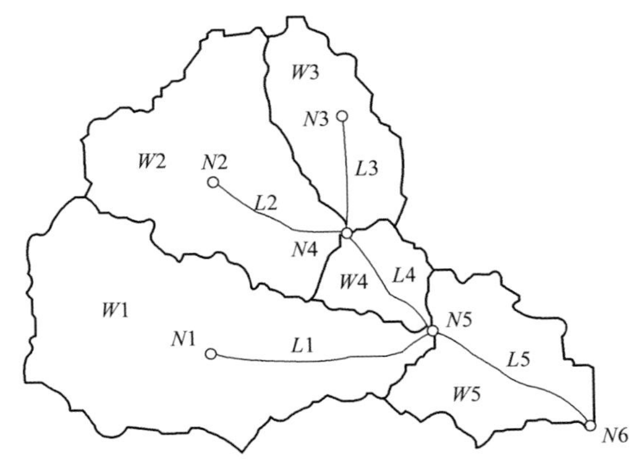

图 2-11　流域水文网络示意图

流域中的水文网络示意图。下面基于 Arc Hydro 数据模型（陈华 等，2005；Maidment，2002）对流域水文网络的构造进行说明。

在构造流域水文网络时，确定流域尺度上的水流流向是基础和关键。首先要确定哪些水文节点是排水口，如果水流从某一个水文节点流出，则这个节点就是一个排水口。然后，每个水文边线对象都会被赋予一个流向，从而使水流可以顺着水文边线流入下游的排水口。因此，在大多数情况下，根据“水往低处流”的原则，就可以采用计算机程序自动分析和确定出流向。但是，对分汊河道、人工修建河道或灌溉系统，水文网络的水流方向必须经过复核或者由人工确定。

在流域产流过程中，面积往往起到很重要的作用。面积是水文节点类或水文边线类所不具备的一种属性，但它却是水文区域类（或对象）中一个非常重要的属性。两种特别重要的面积包括水体的面积和流域的面积。为了建立一些水文区域类的对象与水文网络的关系，水文区域类定义了水文节点标识符（JunctionID）属性。建立水体和水文网络联系时一种最简单的方式就是建立水体对象和位于该水体下游出口的水文节点之间的连接关系。具体的做法就是将位于该水体下游出口的水文节点的 HydroID 属性值赋给该水体对象的 JunctionID 属性。同样，建立流域面积和网络联系的方式也是将位于流域出口的水文节点的 HydroID 属性值赋给流域对象的 JunctionID 属性。建立其他各种对象和水文网络的联系都可以采用“HydroID-to-JunctionID”这种关系。

为了确定一个对象在河网水系中的位置，水文节点和水文边线这两个类均设置了 LengthDown 属性，代表水文节点或者水文边线上某个点到下游出口点的流程距离（注意不是直线距离）。LengthDown 属性非常有用，对在同一流程上的两个点，两点间的距离就是两点 LengthDown 属性的取值之差。

在水文边线类中定义了 ReachCode 属性，意思是河段代码，用来确定水文边线所在的河段，这里的河段是指两个汇流点之间的河道。美国国家水文地理数据集（national hydrography dataset，NHD）采用 14 位数将全国所有的河流进行了编码，每个编码都是独一无二的。

2.3.3 流域水文网络拓扑关系描述

严格的拓扑关系是指点、线、面等几何形状之间的相接、相邻、相交关系。对用来表示流域河网水系结构的水文网络而言，所考虑的拓扑关系主要有两种：水文节点之间的上、下游关系；流域内各个子流域与水文节点之间的上、下游关系，或者说，各个子流域与其出口节点的对应关系。这两种拓扑关系基本上是由在流域尺度上的水流流向分布决定的。下面基于图 2-11 中的流域水文网络介绍如何描述水文网络拓扑关系。

水文节点一般分为两个子类。第一类，位于各个头流域（head catchment）里面，用来表示各个支流/干流发源地的水文节点，用 NType=1 表示。头流域都位于流域四周边缘，在整个流域水系中处于最上游位置，除落在该流域上的降雨外，没有其他入流。第二类，就是位于所有子流域（包括头流域）出口的节点，用 NType=2 表示。建立水文节点之间联系的方式是将下游节点的 HydroID 属性值赋给上游水文节点的 NextDownID 属性（表 2-1），任何具有上、下游关系的两个水文节点连接在一起就构成了一个河段。建立第一类水文节点和对应子流域（头流域）联系的方式是将子流域的 HydroID 属性值赋给水文节点的 JunctionID 属性（表 2-2）。建立第二类水文节点与子流域之间联系的方式是将子流域出口节点的 HydroID 属性值赋给子流域的 JunctionID 属性（表 2-3）。

表 2-1　水文节点之间的拓扑关系

水文节点 HydroID（HydroCode）	水文节点类型 NType	下一个水文节点 NextDownID（HydroCode）
1（*N*1）	1	5（*N*5）
2（*N*2）	1	4（*N*4）
3（*N*3）	1	4（*N*4）
4（*N*4）	2	5（*N*5）
5（*N*5）	2	6（*N*6）
6（*N*6）	2	Φ

注：Φ 代表当前水文节点为流域出口，下游再无节点

表 2-2　第一类水文节点和对应头流域之间的拓扑关系

水文节点 HydroID（HydroCode）	水文节点类型 NType	对应头流域 JunctionID（HydroCode）
1（*N*1）	1	7（*W*1）
2（*N*2）	1	8（*W*2）
3（*N*3）	1	9（*W*3）

表 2-3　子流域（不包括头流域）与出口水文节点之间的拓扑关系

子流域 HydroID（HydroCode）	出口水文节点 JunctionID（HydroCode）
10（*W*4）	5（*N*5）
11（*W*5）	6（*N*6）

子流域一般是基于DEM进行划分的,面积的大小和数目的多少取决于集水面积阈值的设置。阈值越大，子流域数目越少，水文网络结构越简单；阈值越小，子流域数目越多，水文网络结构越复杂。

参 考 文 献

陈华, 郭生练, 熊立华, 等, 2005. 面向对象的 GIS 水文水资源数据模型设计与实现[J]. 水科学进展, 16(4): 556-563.
龚健雅, 2004. 地理信息系统基础[M]. 北京: 科学出版社.
黄杏元, 马劲松, 汤勤, 2001. 地理信息系统概论[M]. 北京: 高等教育出版社.
孔凡哲, 芮孝芳, 2003. TOPMODEL 中地形指数计算方法的探讨[J]. 水科学进展, 14(1): 41-45.
李勤超, 李宏伟, 孟婵媛, 2007. 基于 DEM 提取水域特征的一种算法实现[J]. 测绘科学, 32(1): 103-104.
李志林, 朱庆, 2003. 数字高程模型[M]. 武汉: 武汉大学出版社.
林凯荣, 郭生练, 陈华, 等, 2005. 利用遥感信息修正数字河网的研究[J]. 武汉大学学报(工学版), 38(6): 48-52.
刘光, 李树德, 张亮, 2003. 基于 DEM 的沟谷系统提取算法综述[J]. 地理与地理信息科学, 19(5): 11-15.
秦承志, 朱阿兴, 李宝林，等, 2006. 基于栅格 DEM 的多流向算法评述[J]. 地学前缘, 13(3): 95-102.
任立良, 2000. 流域数字水文模型研究[J]. 河海大学学报(自然科学版), 28(4): 1-7.
任立良, 刘新仁, 1999. 数字高程模型在流域水系拓扑结构计算中的应用[J]. 水科学进展, 10(2): 129-134.
任立良, 刘新仁, 2000a. 基于 DEM 的水文物理过程模拟[J]. 地理研究, 19(4): 369-376.
任立良, 刘新仁, 2000b. 基于数字流域的水文过程模拟研究[J]. 自然灾害学报, 9(4): 45-52.
任立良, 刘新仁, 2000c. 数字高程模型信息提取与数字水文模型研究进展[J]. 水科学进展, 11(4): 463-469.
王建平, 任立良, 吴益, 2005. 一种新的 DEM 填洼处理算法[J]. 地球信息科学, 7(3): 51-54.
万民, 熊立华, 卫晓婧, 2008. 数字高程模型预处理方法的研究进展[J]. 水文, 28(5): 14-45.
熊立华, 2007. 分布式水文模型中栅格汇流演算顺序的确定[C]// 中国水利学会第三届青年科技论坛论文集. 北京: 中国水利学会.
熊立华, 郭生练, O′CONNOR K M, 2002. 利用 DEM 提取地貌指数的方法述评[J]. 水科学进展, 13(6): 775-780.
熊立华, 郭生练, 2003. 基于 DEM 的数字河网生成方法的探讨[J]. 长江科学院院报(4): 14-17.
熊立华, 郭生练, 2004a. 分布式流域水文模型[M]. 北京:中国水利水电出版社.
熊立华, 郭生练, 田向荣, 2004b. 基于 DEM 的分布式流域水文模型及应用[J]. 水科学进展, 15(4): 517-520.
熊立华, 郭生练, 陈华, 等, 2007. 水文网络模型在分布式流域水文模拟中的应用[J]. 水文,

27(2): 26-29.
徐涛, 胡光道, 2004. 基于数字高程模型自动提取水系的若干问题[J]. 地理与地理信息科学, 20(5): 11-14.
叶爱中, 夏军, 王纲胜, 等, 2005. 基于数字高程模型的河网提取及子流域生成[J]. 水利学报, 36(5): 531-537.
赵杰, 2004. 数字地形模拟-地形数据获取与数字地形分析研究[D]. 武汉: 武汉大学.
BEVEN K J, KIRKBY M J, 1979. A physically based, variable contributing area model of basin hydrology[J]. Hydrological science journal, 24(1): 43-69.
COSTA–CABRAL M C, BURGES S J, 1994. Digital elevation model networks (DEMON): a model of flow over hillslopes for computation of contributing and dispersal areas[J]. Water resources research, 33(6): 1681-1692.
FAIRFIELD J, LEYMARIE P, 1991. Drainage networks from grid digital elevation models[J]. Water resources research, 22(5): 709-717.
FREEMAN T G, 1991. Calculating catchment area with divergent flow based on a regular grid[J]. Computers & geosciences, 17(3): 413-422.
GARBRECHT J, MARTZ L W, 1997a. TOPAZ: an automated digital landscape analysis tool for topographic evaluation, drainage identification, watershed segmentation and subcatchment parameterization: TOPAZ User Manual[OL]. USDA–ARS, Oklahoma.
GARBRECHT J, MARTZ L W, 1997b. The assignment of drainage direction over flat surfaces in raster digital elevations models[J]. Journal of hydrology, 193(1/2/3/4): 204-213.
JENSON S K, DOMINGUE J O, 1988. Extracting topographic structure from digital elevation data for geographical information system analysis[J]. Photogrammetric engineering and remote sensing, 54(11): 1593-1600.
JOHNSTON E G, ROSENFELD A, 1975. Digital detection of pits, peaks, ridges, and ravines[J]. IEEE transactions on systems, man & cybernetics, 5(4): 472-480.
MAIDMENT D R, 2002. Arc hydro: GIS for water resources[M]. Redlands: ESRI Press.
MARK D, DOZIER J, FREW J, 1984. Automated basin delineation from digital elevation data[J]. Geoprocessing, 2: 299-311.
MARTZ L W, JONG E D, 1988. Catch: a FORTRAN program for measuring catchment area from digital elevation models[J]. Computers & geosciences, 14(5): 627-640.
MARTZ L W, GARBRECHT J, 1992. Numerical definition of drainage network and sub-catchment areas from digital elevation models[J]. Computers & geosciences, 18(6): 747-761.
MARTZ L W, GARBRECHT J, 1998. The treatment of flat areas and closed depressions in automated drainage analysis of raster digital elevation models[J]. Hydrological processes, 12(6): 843-855.
MARTZ L W, GARBRECHT J, 1999. An outlet-breaching algorithm for the treatment of closed depressions in a raster DEM[J]. Computers & geosciences, 25(7): 835-844.
MONTGOMERY D R, DIETRICH W E, 1992. Channel initiation and the problem of landscape scale[J]. Science, 255(5046): 826-830.
MORAN C J, VEZINA G, 1993. Visualizing soil surfaces and crop residues[J]. IEEE computer

graphics & applications, 13(2): 40-47.
O'CALLAGHAN J F, MARK D M, 1984, The extraction of drainage networks from digital elevation data[J]. Computer vision, graphics and image processing, 28(3): 323-344.
PLANCHON O, DARBOUX F, 2002. A fast, simple and versatile algorithm to fill the depressions of digital elevation models[J]. Catena, 46(2/3): 0-176.
TARBOTON D G, 2001. A new method for the determination of flow directions and upslope areas in grid digital elevation models[J]. Water resources research, 33(2): 309-319.
TRIBE A, 1995. Automated recognition of valley lines and drainage networks from grid digital elevation models: a review and a new method[J]. Journal of hydrology, 139(1/2/3/4): 263-293.
TURCOTTE R, FORTIN J P, ROUSSEAU A N, et al., 2001. Determination of the drainage structure of a watershed using a digital elevation model and a digital river and lake network[J]. Journal of hydrology, 240(3): 225-242.
WANG L, LIU H, 2006. An efficient method for identifying and filling surface depressions in digital elevation models for hydrologic analysis and modelling[J]. International journal of geographical information science, 20(2): 193-213.

第3章

基于DEM的分布式降雨径流模型

3.1 DDRM 原理与结构

DDRM 是熊立华等（2004a，2004b）提出的一个基于 DEM 进行栅格产流和栅格汇流计算，并基于河网水系拓扑结构进行河网汇流演算的分布式降雨径流模型。模型以 GIS 为支撑平台，基于 DEM 数据计算流域地形地貌指数的空间分布，提取河网水系和划分子流域。模型主体结构可分为三部分：栅格产流模块、栅格汇流模块及河网汇流模块，具体结构如图 3-1 所示。该模型结构简单，参数较少，已在我国多个流域（西江、东江、北江、清江和渠江等）成功应用（Xiong et al.，2018；曾凌 等，2018a，2018b；龙海峰 等，2012；万民 等，2010）。

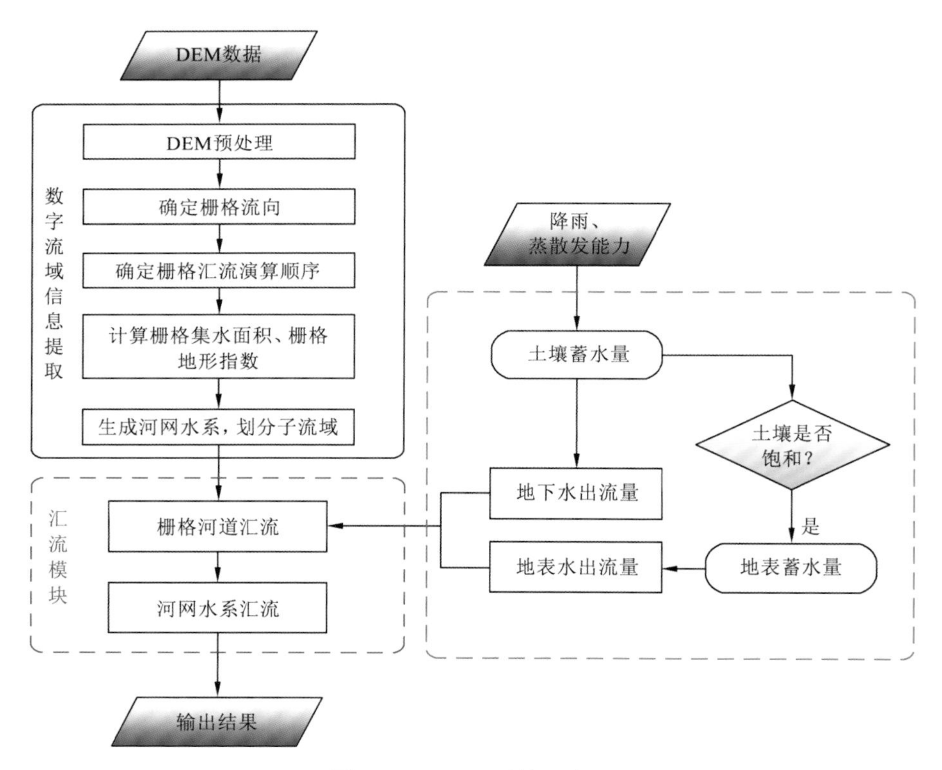

图 3-1 DDRM 结构示意图

在大流域构建 DDRM 时，为了考虑流域内不同区域间下垫面特征的差异，同时也为了使模型运算并行化以提升模型运算效率，需要根据流域内水文测站点的布置将整个流域划分为数个子流域。在此基础上将各子流域进一步划分为大小相同的栅格单元（图 3-2）。模型假定流域产流机制为蓄满产流，降雨落到栅格地表后直接进入地下土壤。地下土壤蓄水量在降雨、蒸散发、地下水入流和地下水出流影响下发生变化。当地下土壤蓄水量超过该栅格蓄水能力时，超蓄水量将涌出地面形成浅层地表水，并在重力作用下形成坡面流汇入栅格河道。之后，模型将对栅格产流进行汇流演算，该汇流演算包括两个阶段：首先基于栅格流向确定各子流域内栅格的汇流演算顺序，各栅格产流量根据栅格汇流演算顺序依次向下游栅格演算，直至所在子流域的出口处；然后，各子流域出口节点处（节点 *d* 和 *e*）的流量再根据河网拓扑结构关系依次演算至流域出口处（节点 *f*）。

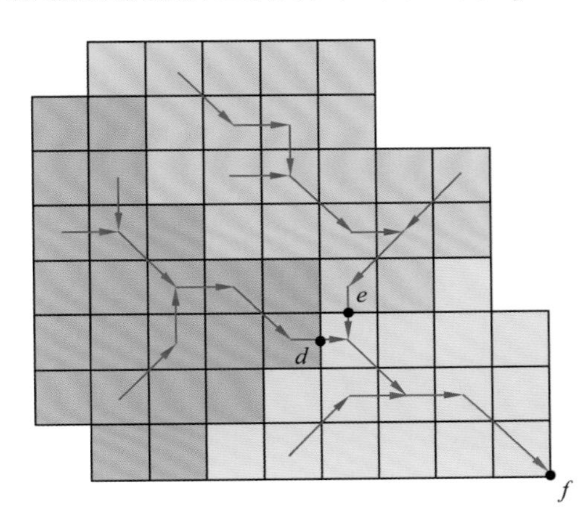

图 3-2　DDRM 中子流域和栅格划分示意图

3.2　水文物理过程描述

3.2.1　栅格土壤蓄水能力

为充分考虑流域内土壤蓄水能力的空间分布不均,模型假设栅格 *i* 处的土壤蓄水能力 SMC_i 与当前栅格的地形指数 TI_i 相关，采用如下的非线性关系式来表示：

$$SMC_i = S0 + \left[\frac{TI_i - TI_{min}}{TI_{max} - TI_{min}}\right]^n \cdot SM \tag{3-1}$$

式中：TI_i 为栅格 *i* 处的地形指数；TI_{min} 为全流域最小地形指数；TI_{max} 为全流域最大地形指数；*S*0 为全流域最小蓄水能力的参数；SM 为全流域土壤蓄水能力变化幅度的参数；*n* 为一个经验指数，*S*0、SM 和 *n* 三个参数均需优选。

3.2.2 栅格产流

栅格产流计算基于蓄满产流机制，即降雨直接下渗进入土壤层，扣除蒸散发后补充地下土壤水。地下土壤蓄水量不能超过土壤蓄水能力值，当土壤蓄满水后，超出土壤蓄水能力的土壤水量会进一步转化成地表水。具体解释如下：对栅格 i，当在 t 时刻计算出来的土壤蓄水量 $S_{i,t}$ 小于该栅格土壤蓄水能力 SMC_i 时，该栅格不产生地表径流，实际土壤蓄水量就是该计算值 $S_{i,t}$；当计算出来的土壤蓄水量 $S_{i,t}$ 大于该栅格土壤蓄水能力 SMC_i 时，超出土壤蓄水能力的土壤水量将冒出地面形成浅层地表水，增加浅层地表水蓄水量 $\mathrm{SP}_{i,t}$（图 3-3），实际土壤蓄水量则为该栅格的土壤蓄水能力 SMC_i，即 $S_{i,t}=\mathrm{SMC}_i$。浅层地表水蓄水量 $\mathrm{SP}_{i,t}$ 计算公式为

$$\mathrm{SP}_{i,t}=\mathrm{SP}_{i,t-\Delta t}+\max\{S_{i,t}-\mathrm{SMC}_i,0\} \tag{3-2}$$

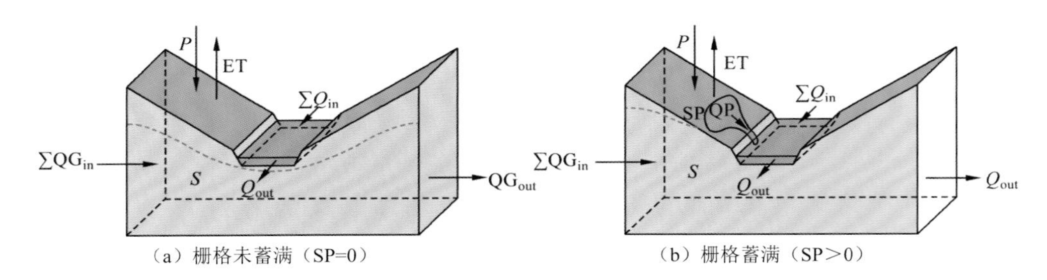

图 3-3 DDRM 栅格单元产流计算示意图

浅层地表水在重力作用下将产生坡面流 $\mathrm{QP}_{i,t}$，并汇入栅格河道内。坡面流采用线性水库方法计算，公式为

$$\mathrm{QP}_{i,t}=\frac{\mathrm{SP}_{i,t}}{\mathrm{TP}} \tag{3-3}$$

式中：TP 为反映坡面流形成的特征时间参数，需优选。

对栅格 i，其地下水出流量不仅与栅格土壤蓄水量有关，还与地下水力坡度有关。模型采用地表坡度来近似代替地下水力坡度，并采用式（3-4）计算栅格 i 的地下水出流量 $\mathrm{QG}_{\mathrm{out}_{i,t}}$：

$$\mathrm{QG}_{\mathrm{out}_{i,t}}=\frac{\max\{S_{i,t}-\mathrm{ST},0\}}{\mathrm{TS}}[\tan(\bar{\beta})]^b \tag{3-4}$$

式中：$\bar{\beta}$ 为全流域栅格平均坡度；$\mathrm{ST}=a\cdot\mathrm{SMC}_i(0<a<1)$ 为地下水出流阈值，当地下土壤蓄水量超过该阈值时，栅格才产生地下水出流，a 反映地下水出流特性；TS 为一时间常数，反映地下水出流的特征时间参数；b 为反映坡度对地下水出流影响的参数。参数 TS、a 和 b 均需优选。

对栅格 i,其地下水入流量 $QG_{in_{i,t}}$ 为其相邻上游各栅格地下水出流量 $QG_{out_{j,t}}$ 之和，计算公式为

$$QG_{in_{i,t}} = \sum_{j} QG_{out_{j,t}} \tag{3-5}$$

式中：j 为相邻上游各栅格。

栅格 i 的土壤水蒸散发量 $ET_{i,t}$ 计算公式为

$$ET_{i,t} = \frac{S_{i,t}}{SMC_i} PET_{i,t} \tag{3-6}$$

式中：$PET_{i,t}$ 为栅格 i 处 t 时刻的潜在蒸散发。

最后，栅格 i 在下一时刻 $t+\Delta t$ 的地下土壤蓄水量计算如下：

$$S_{i,t+\Delta t} = S_{i,t} + (P_{i,t} - ET_{i,t}) \cdot \Delta A \cdot \Delta t + (QG_{in_{i,t}} - QG_{out_{i,t}}) \cdot \Delta t \tag{3-7}$$

式中：$P_{i,t}$ 为降雨量；ΔA 和 Δt 分别为栅格单元面积和模型计算时间步长。

3.2.3　栅格汇流

栅格 i 内的河道入流量 $Q_{in_{i,t}}$ 为其相邻上游各栅格河道出流量 $Q_{out_{j,t}}$ 之和，计算式为

$$Q_{in_{i,t}} = \sum_{j} Q_{out_{j,t}} \tag{3-8}$$

式中：j 为相邻上游各栅格。

栅格河道的汇流演算采用马斯京根法，在考虑栅格坡面流的情况下，栅格河道出口流量 $Q_{out_{j,t}}$ 计算如下：

$$Q_{out_{i,t}} = c_0(Q_{in_{i,t}} + QP_{i,t}) + c_1(Q_{in_{i,t-\Delta t}} + QP_{i,t-\Delta t}) + (1 - c_0 - c_1) Q_{out_{i,t-\Delta t}} \tag{3-9}$$

式中：$c_i(i=0,1)$ 为栅格河道马斯京根法汇流参数，为减小模型参数冗余度，在同一子流域内，栅格河道汇流演算所用的马斯京根法汇流参数相同。

3.2.4　河网汇流

水文网络模型是地理信息系统对流域实际河网水系的一种规范化描述，它采用拓扑关系来确定流域水流的空间聚合和分散，有助于准确地模拟流域水流的时间和空间分布。在分布式流域水文模型的实际应用中，如果流域面积较大，一般将流域划分为若干个子流域，先分别在每个子流域内进行栅格产汇流计算得到子流域出口流量，然后根据所建立的流域水文网络模型进行流域河网汇流演算。

河网汇流演算是由各个河段的汇流演算所组成的。对每个河段，可以采用马斯京根法将河段上游节点的入流过程 I_t 演算至下游节点的出流过程 O_t，计算公式为

$$O_t = \mathrm{hc}_0 I_t + \mathrm{hc}_1 I_{t-\Delta t} + (1 - \mathrm{hc}_0 - \mathrm{hc}_1) O_{t-\Delta t} \tag{3-10}$$

式中：$\mathrm{hc}_i(i=0,1)$ 为河网马斯京根法汇流参数，取值都在 0～1，需优选。

有些水文节点，因为是几条河流的汇流处，所以同时是几个河段的下游出口。这种汇流节点的流量推求可以在线性系统理论假设下采用叠加方法，即认为汇流节点的流量是上游几个河段独立向下游演算所得到的出口流量之和。例如，图 3-2 中汇流节点 f 的流量可以采用如下方法求出。

$$O_{f,t} = O_{df,t} + O_{ef,t} + Q_{\mathrm{out}_{f,t}} \tag{3-11}$$

$$O_{df,t} = \mathrm{hc}_0 Q_{\mathrm{out}_{d,t}} + \mathrm{hc}_1 Q_{\mathrm{out}_{d,t-\Delta t}} + (1 - \mathrm{hc}_0 - \mathrm{hc}_1) O_{df,t-\Delta t} \tag{3-12}$$

$$O_{ef,t} = \mathrm{hc}_0 Q_{\mathrm{out}_{e,t}} + \mathrm{hc}_1 Q_{\mathrm{out}_{e,t-\Delta t}} + (1 - \mathrm{hc}_0 - \mathrm{hc}_1) O_{ef,t-\Delta t} \tag{3-13}$$

式中：Q_{out_d}、Q_{out_e} 和 Q_{out_f} 分别为节点 d、e 和 f 对应的区间流量；O_{df} 和 O_{ef} 分别为由节点 d、e 演算到节点 f 的流量；O_f 为节点 f 的出流量。

3.3　DDRM 参 数

DDRM 参数可以分为两类：产流参数和汇流参数。产流参数包括 $S0$、SM、TS、TP、a、b、n，汇流参数包括栅格河道汇流参数 $c_i(i=0,1)$ 和子流域河网汇流参数 $\mathrm{hc}_i(i=0,1)$，其物理意义及取值范围如表 3-1 所示。

表 3-1　DDRM 参数表

参数	范围	单位	描述
$S0$	5～50	mm	全流域栅格土壤最小蓄水能力
SM	5～500	mm	全流域栅格土壤蓄水能力变化幅度
TS	2～200	h	时间常数，反映地下水出流特性
TP	2～200	h	时间常数，反映浅层地表水坡面流形成特性
a	0～1	—	经验参数，反映地下水出流特性
b	0～1	—	经验参数，反映坡度对地下水出流的影响
n	0～1	—	经验参数，反映土壤蓄水能力 SMC 与对应地形指数之间的非线性关系

续表

参数	范围	单位	描述
c_i（$i=0,1$）	0～1	—	栅格河道汇流马斯京根法参数
hc_i（$i=0,1$）	0～1	—	子流域河网汇流马斯京根法参数

参考文献

郭生练, 熊立华, 杨井, 等, 2000. 基于 DEM 的分布式流域水文物理模型[J]. 武汉大学学报(工学版), 33(6): 1-5.

龙海峰, 熊立华, 万民, 2012. 基于 DEM 的分布式降雨径流模型在清江流域的应用研究[J]. 长江流域资源与环境, 21(1): 71-78.

万民, 熊立华, 董磊华, 2010. 飞来峡流域基于栅格 DEM 的分布式水文模拟[J]. 武汉大学学报(工学版), 43(5): 549-553.

熊立华, 郭生练, 2004a. 分布式流域水文模型[M]. 北京: 中国水利水电出版社.

熊立华, 郭生练, 田向荣, 2004b. 基于 DEM 的分布式流域水文模型及应用[J]. 水科学进展, 15(4): 517-520.

曾凌, 熊立华, 杨涵, 2018a. 西江流域卫星遥感与水文模型模拟的两种土壤含水量对比研究[J]. 水资源研究, 7(4): 339-350.

曾凌, 熊立华, 2018b. 东江流域分布式降雨径流模拟研究[J]. 人民珠江, 39(11): 1-7, 21.

XIONG L H, YANG H, ZENG L, et al., 2018. Evaluating consistency between the remotely sensed soil moisture and the hydrological model-simulated soil moisture in the Qujiang catchment of China[J]. Water, 10(3): 291-317.

第4章 模型参数优化方法及评价指标

4.1　模型参数优化步骤

模型参数优化是指在模型结构（或程序）已经选定条件下，通过对历史资料的模拟分析，由给定的输入（如降雨量、蒸散发量等）和输出（如径流过程），来确定预报方案中的模型参数，以用于实时预报。调整参数使模型拟合实测资料最好，即达到最优。

模型参数优化主要包括以下 4 个步骤。

（1）设定参数集初始值。根据模型参数的物理意义，也可以根据对模型参数的理解和认识经验估计它的值，或者由已有模型的应用经验估计它的值，如果采用自动优化方法，则必须设定参数的取值范围。

（2）计算模型输出和目标函数值。根据模型的输入和估计的模型参数，计算模型的输出和相应的目标函数值。

（3）准则判别。根据选定的“有效性”或“拟合优度”准则，判别由模型估计的参数值计算所得到的模拟值与“真值”比较是否最优。如果是最优，模型参数优化结束，否则进行步骤（4）。

（4）调整参数集取值。调整参数就是根据模型计算值与实测值的偏差，分析引起偏差的原因，对有关参数进行调整，寻求更合理的参数取值，重新代入模型计算，再判别、分析、调整，重复进行，直到准则判别参数值为最优为止。

参数优化步骤示意图如图 4-1 所示。

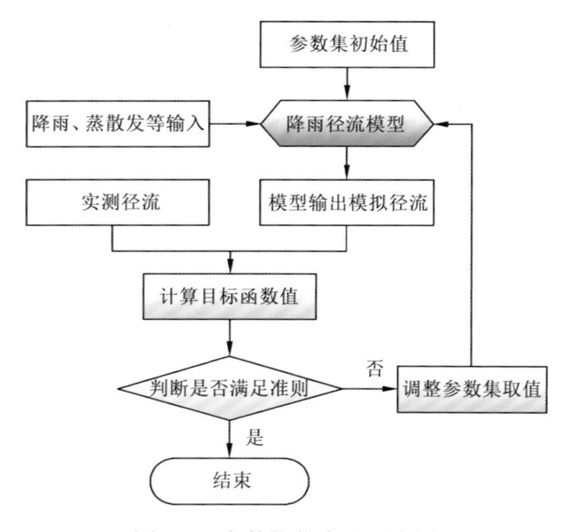

图 4-1　参数优化步骤示意图

4.2　径流模拟目标函数

在分布式降雨径流模型的参数优化过程中，目标函数的选择对参数优化至关重要，不同的目标函数可以得到不同的模拟结果。在不同的实际问题中，目标函数的选择往往取决于研究者的主观判断。目前已有许多水文学者对目标函数的选取开展了研究，如 Oudin 等（2006）对比分析了 4 种不同的目标函数对模拟结果的影响，其研究表明，分布式降雨径流模型在特定的目标函数下只能对流量过程的某个特定部分（如高流量部分或者低流量部分）做出较好模拟。Dong 等（2013）、董磊华等（2009）选取了平方均方误差（mean squared error of square transformed，SMSE）、对数均方误差（mean squared error of logarithmic transformed，LMSE）和平方根均方误差（mean squared error of root-square transformed，RSMSE）这三种目标函数来比较对不同等级流量（高流量、低流量和整体）模拟效果的影响，研究表明：以平方均方误差为目标函数时，高流量的模拟效果较好；以对数均方误差为目标函数时，低流量的模拟效果较好；以平方根均方误差为目标函数时，整体模拟效果较好。在进行参数优化的过程中，若只采用一种目标函数，有可能会使模型不能同时在所有流量范围内都有最好的模拟效果。熊立华等（2009）认为若选用恰当的方案将不同目标函数下模型的模拟结果进行综合，则有望获得在所有流量范围内都有较好模拟效果的综合模拟结果。下面介绍几种具有代表性的目标函数。

1．平方均方误差

平方均方误差的计算公式如下：

$$\mathrm{SMSE}=\frac{1}{T}\sum_{t=1}^{T}[Q_{\mathrm{sim}}^{2}(t)-Q_{\mathrm{obs}}^{2}(t)]^{2} \tag{4-1}$$

式中：$Q_{\mathrm{sim}}(t)$ 为 t 时刻的模拟流量值；$Q_{\mathrm{obs}}(t)$ 为 t 时刻的实测流量值；T 为总时段。

理论上，将流量平方后，会将流量误差值扩大化，尤其是高流量部分。由平方函数曲线可知，随着自变量值逐渐增大，因变量值增大的幅度会递增。也就是说，流量值越大，模拟流量与实测流量的误差会越大，那么根据该目标函数进行径流模拟对高流量部分的模拟精度要求就会越高。

2．对数均方误差

对数均方误差的计算公式如下：

$$\mathrm{LMSE}=\frac{1}{T}\sum_{t=1}^{T}[\ln Q_{\mathrm{sim}}(t)-\ln Q_{\mathrm{obs}}(t)]^{2} \tag{4-2}$$

同理，由对数函数曲线可知，随着自变量值逐渐减小，因变量值增大的幅度会递增。也就是说，流量值越小，模拟流量与实测流量的误差会越大，那么根据该目标函数进行径流模拟对低流量部分的模拟精度要求就会越高。

3．平方根均方误差

平方根均方误差的计算公式如下：

$$\mathrm{RSMSE}=\frac{1}{T}\sum_{t=1}^{T}\left[\sqrt{Q_{\mathrm{sim}}(t)}-\sqrt{Q_{\mathrm{obs}}(t)}\right]^2 \tag{4-3}$$

由开方函数曲线可知，将流量值开方后，在低流量部分，流量误差在一定程度上会被放大。但总体上，开方对流量误差的影响不是很大，因此，理论上该目标函数在整体上模拟效果最好。

4．Kling-Gupta 效率系数

Kling-Gupta 效率系数（Kling-Gupta efficiency coefficient，KGE）是由 Gupta 等（2009）提出的一种模型目标函数。KGE 定义为模拟误差的三个分量（相关系数、均值偏差及方差比）与理想值[1,1,1]的欧氏距离。计算公式如下：

$$\mathrm{KGE}=1-\sqrt{(r-1)^2+(\lambda-1)^2+(\phi-1)^2} \tag{4-4}$$

式中：r 为皮尔逊相关系数，$r=\frac{\mathrm{cov}(Q_{\mathrm{sim}},Q_{\mathrm{obs}})}{\sigma_{\mathrm{sim}}\sigma_{\mathrm{obs}}}$；$\lambda$ 为模拟流量标准差与实测流量标准差之比，$\lambda=\frac{\sigma_{\mathrm{sim}}}{\sigma_{\mathrm{obs}}}$；$\phi$ 为模拟平均流量和实测平均流量之比，$\phi=\frac{\mu_{\mathrm{sim}}}{\mu_{\mathrm{obs}}}$。

4.3　自动优化算法

4.3.1　遗传算法

1．遗传算法原理

遗传算法（genetic algorithm，GA）由美国密歇根大学 Holland 教授于 1975 年提出。它是一类借鉴达尔文生物进化论自然选择和遗传学机制模拟自然进化过程的随机搜索最优化算法。GA 模拟自然选择和遗传过程中发生的繁殖、杂交和基因突变现象，在每次迭代中都保留一组候选解，并按某种指标从解群中选取较优的个体，利用遗传算子（选择、交叉和变异）对这些个体进行组合，产生新一代的候选解群，重复此过程，直到满足某种收敛指标为止。

传统的优化方法是基于目标函数的梯度或高阶导数产生的一个收敛于最优解的计算系列，从单点开始沿最速下降方向迭代。由于缺乏对全部解空间的搜索，极易陷入局部最优。GA 则是通过构造一个含潜在解的随机种群，进行多方搜索，对种群进化模拟，子代朝生存环境改善的方向发展，最终获得全局最优解（周明 等，2000）。在实际应用中，目标函数和约束条件往往是不连续、病态的，有时甚至是由一些离散的采样数据组成的，传统的优化工具（如爬山法）等（李宝兴，1999）已经无能为力，而 GA 对优化问题没有太多的数学要求，这对于以个体为操作单元的 GA 无疑是个优势（阎平凡 等，2000）。

2．遗传算子

GA 的操作算子包括选择、交叉和变异三种基本形式，构成了 GA 强大搜索能力的核心（李敏强 等，2002），是模拟自然选择和遗传过程中发生的繁殖、杂交和基因突变现象的主要载体。

1）选择算子

从群体中选择优胜个体，淘汰劣质个体的操作称为选择。选择的目的是把优化的个体（或解）直接遗传到下一代，或通过配对交叉产生新的个体再遗传到下一代。选择操作是建立在群体中个体的适应度评估基础上的。目前常用的选择算子包括轮盘赌采样（De Jong，1975）、无放回随机采样（De Jong，1975）、确定式采样（Brindle，1981）等。

2）交叉算子

在自然界生物进化过程中起核心作用的是生物遗传基因的重组。同理，GA 中起核心作用的是遗传操作的交叉算子。交叉是指把两个父代个体的部分结构加以替换重组而生成新个体的操作。通过交叉，GA 的搜索能力得以飞速提高。常用的交叉算子包括：单点交换（Goldberg，1991）、双点交换（Cavieehio，1972）、均匀交换（Syswerda，1989）等。

3）变异算子

变异算子是对群体中个体串的某些基因位上的基因值做变动。当交叉操作产生的后代的适应度不再优于父辈，且又未到全局最优解时，就会发生早熟收敛，早熟收敛的根源是发生了有效基因缺失（恽为民 等，1996），为克服该问题，只有依赖于变异。目前发展的变异算子包括：常规位变异（Brindle，1981）、有效基因变异（恽为民，1995）、概率自调整变异（Whitley et al.，1990）等。

3. 遗传算法特点

GA具有以下特点。

（1）GA从问题解的串集开始搜索，而不是从单个解开始。这是GA与传统优化算法的极大区别。传统优化算法是从单个初始值开始迭代求最优解的，容易误入局部最优解。GA从串集开始搜索，覆盖面大，利于全局择优。

（2）GA同时处理群体中的多个个体，即对搜索空间中的多个解进行评估，减少了陷入局部最优解的风险，同时算法本身易于实现并行化。

（3）GA基本上不用搜索空间的知识或其他辅助信息，而仅用适应度函数值来评估个体，在此基础上进行遗传操作。适应度函数不仅不受连续可微的约束，而且其定义域可以任意设定。这一特点使GA的应用范围大大扩展。

（4）GA 不是采用确定性规则，而是采用概率的变迁规则来指导它的搜索方向。

（5）GA具有自组织、自适应和自学习性。其利用进化过程获得的信息自行组织搜索时，适应度大的个体具有较高的生存概率，并获得更适应环境的基因结构。

4. 参数优化过程

GA的基本运算过程如下。

（1）初始化：设置进化代数计数器$t=0$，设置最大进化代数T，随机生成M个个体作为初始群体$P(0)$。

（2）个体评价：计算群体$P(t)$中各个体的适应度。

（3）选择运算：将选择算子作用于群体。选择的目的是把优化的个体直接遗传到下一代，或通过配对交叉产生新的个体再遗传到下一代。选择操作是建立在群体中个体的适应度评估基础上的，Pc为交叉运算判别条件。

（4）交叉运算：将交叉算子作用于群体。GA中起核心作用的就是交叉算子，Pm为变异运算判别条件。

（5）变异运算：将变异算子作用于群体。对群体中的个体串的某些基因座上的基因值做变动。群体$P(t)$经过选择、交叉、变异运算之后得到下一代群体$P(t+1)$。

（6）终止条件判断：若$t=T$，则将进化过程中所得到的具有最大适应度的个体作为最优解输出，终止计算。

参数优化过程如图4-2所示。

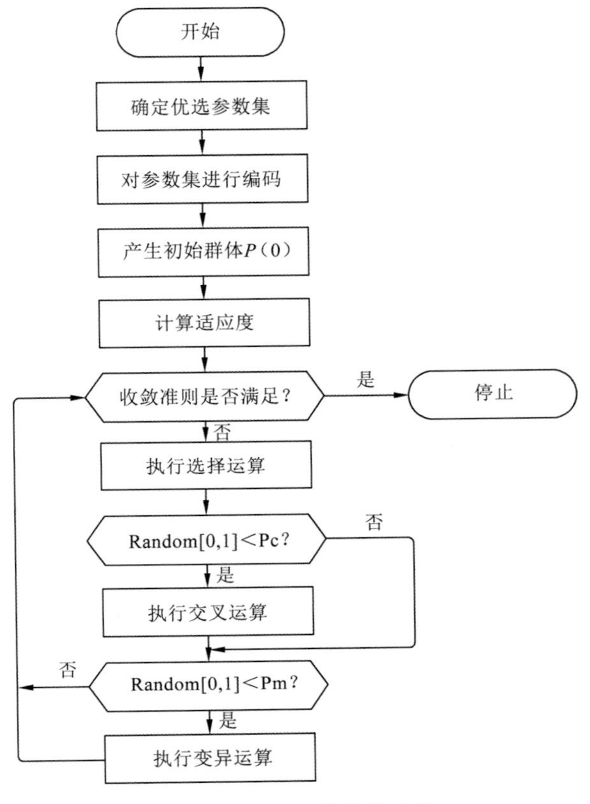

图 4-2　GA 参数优化过程

4.3.2　SCE-UA 算法

SCE-UA（shuffled complex evolution algorithm）由美国亚利桑那大学 Duan 等（1992）提出，该算法能有效地解决参数优化问题中常见的多峰值、多噪声、不连续、高维、非线性等问题，且能高效率、迅速地搜索到流域模型参数的全局最优解，因而在水文模型参数寻优中得到广泛应用。

SCE-UA 结合了现有算法（包括基因算法等）中的一些优点，可以解决高维参数的全局优化问题，且不需要显式的目标函数或目标函数的偏导数（Duan et al., 1993）。SCE-UA 算法的基本思路是将基于确定性的复合型搜索技术和自然界中的生物竞争进化原理相结合。算法的关键部分为竞争的复合型进化（competitive complex evolution，CCE）算法。在 CCE 算法中，每个复合型的顶点都是潜在的父辈，都有可能参与产生下一代群体的计算。随机方式在构建子复合型中的应用，使在可行域中的搜索更加彻底。其主要计算步骤如下。

（1）初始化过程。在寻优空间中按平均概率分布随机产生一个由 S 个点组成的群，设这 S 个点分别为 $x_1, x_2, \cdots, x_S$，然后计算出每个点的目标函数值 f_i。

（2）排列过程。按照每个点的目标函数值升序排列这 S 个点，然后按排列顺序将点和其对应的目标函数值储存在数组 $D=\{x_i, f_i, i=1,2,\cdots,S\}$ 中，所以 $i=1$ 的点的目标函数值最小。

（3）划分过程。将数组 D 平均划分为 P 个综合体 $A^1, A^2, \cdots, A^P$，每个综合体均有 m 个点。划分的方式是 $A^k=\{x_j^k, f_j^k / x_j^k = x_{k+P(j-1)}, f_j^k = f_{k+P(j-1)}, j=1,2,\cdots,m\}$，$k=1, 2, \cdots, P$。

（4）进化过程。对每个综合体应用 CCE 算法进行进化。

（5）掺混综合体过程。将综合体 $A^1, A^2, \cdots, A^P$ 重新放回数组 D 中，然后按照各点目标函数值升序排列。

（6）程序终止条件判断。如果满足收敛准则，则输出优选结果，程序终止；否则，返回第（2）步，继续执行程序，直至满足终止条件。

参数优化过程如图 4-3 所示。

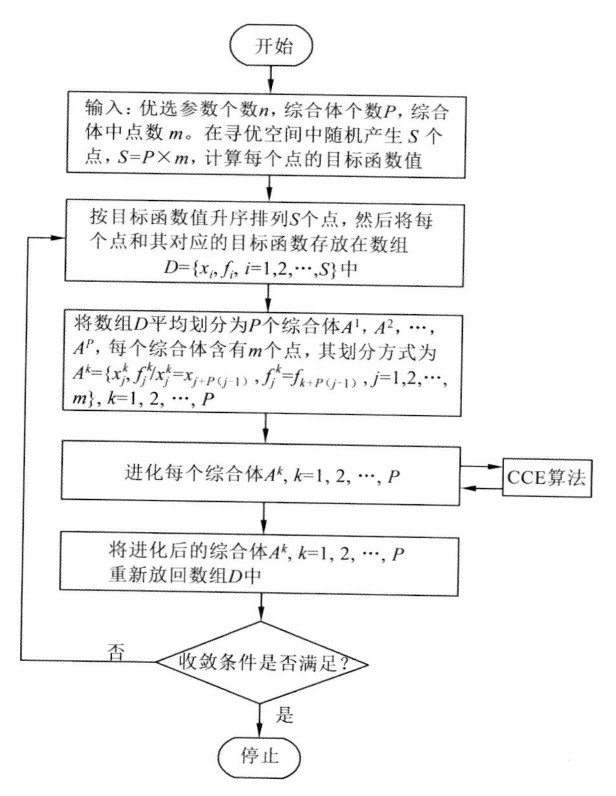

图 4-3　SCE-UA 算法参数优化过程

CCE 算法就是通过从综合体中选出 m（$m>2$）个点组成子综合体作为父代，进行若干次繁殖变异达到进化目的的，如图 4-4 所示。

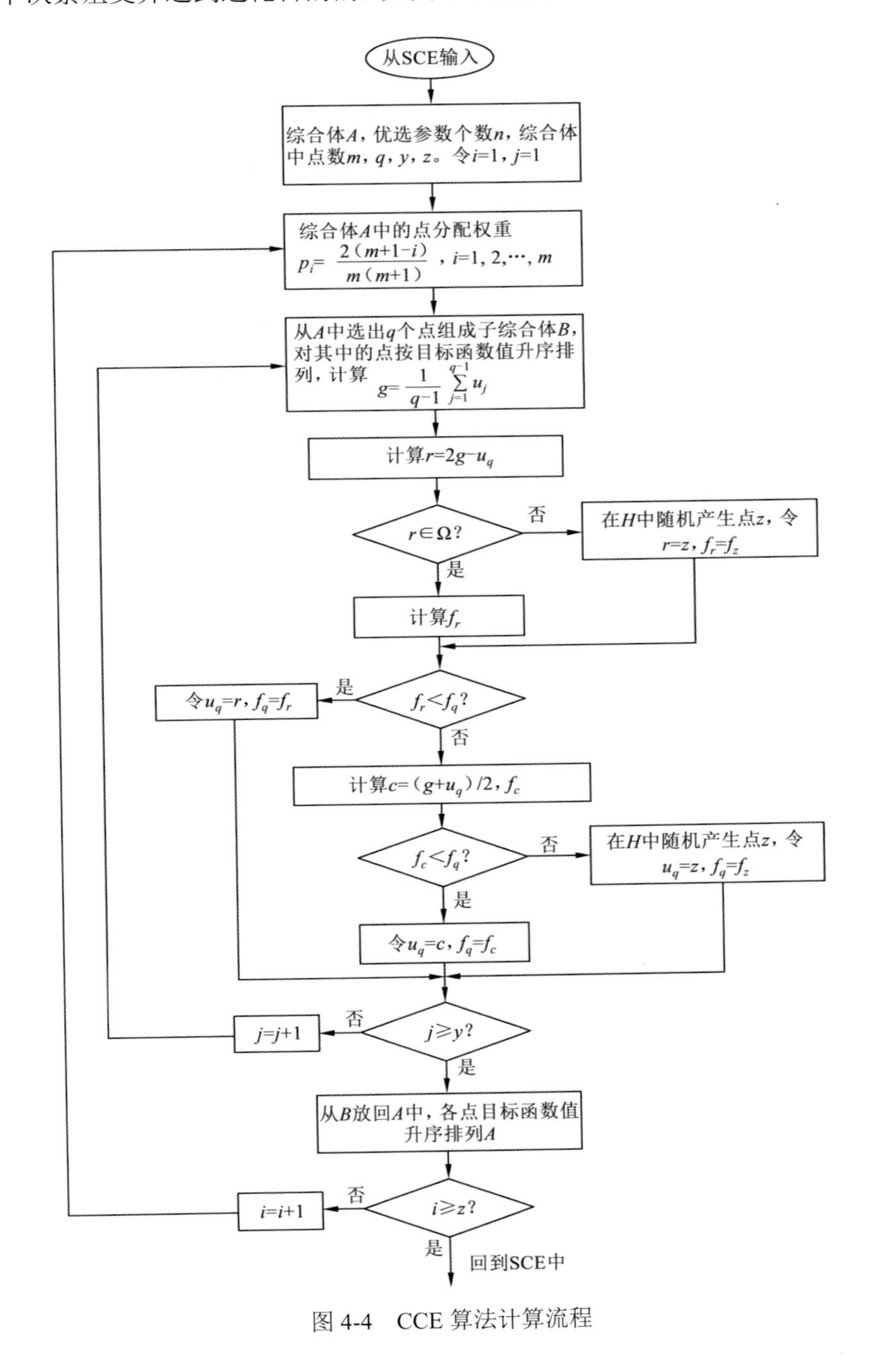

图 4-4　CCE 算法计算流程

4.4 径流模拟精度评价指标

4.4.1 相关规范文件

1981年，中华人民共和国水利电力部编写《水文情报预报暂行规范》（讨论稿）时提出水文预报误差评定这一关键技术性问题，并随后成立《水文预报的检验和评定标准》专题组，开展了对误差评定标准的研究与审查工作。在《水文情报预报暂行规范》（讨论稿）的基础上，1984年修编的《水文情报预报规范》（SD 138—85）对水文预报方案的评定检验方法进行了详细阐述。2000年，水利部水利信息中心修编形成《水文情报预报规范》（SL 250—2000），在该规范中正式提出了水文预报精度评定方法。2008年，中华人民共和国国家质量监督检验检疫总局、中国国家标准化管理委员会发布了《水文情报预报规范》（GB/T 22482—2008），该标准根据工程实践经验对原规范进行了完善，采用预报的误差指标对预报结果精度进行评定，目前常用的精度评定方法大多引自该版本。

4.4.2 精度评定指标

径流预报结果准确率的评定常使用的指标包括：平均绝对误差（mean absolute error，MAE）、相对误差（relative error，RE）、均方误差（mean squared error，MSE）、均方根误差（root-mean-square error，RMSE）、均方根百分比误差（root-mean-square percentage error，RMSPE）、Nash效率系数（Nash-sutcliffe efficiency coefficient，NSE）、水量平衡系数（water balance efficiency，WBE）。

1．平均绝对误差

平均绝对误差是对各时刻径流预报误差取绝对值后求和，再对其求平均值。求平均值的过程中，误差值不会出现正负相消的情况，可以反映出多次预测结果的准确度，但是无法反映误差的不对称性，计算公式如下：

$$\mathrm{MAE}=\frac{1}{T}\sum_{t=1}^{T}\left|Q_{\mathrm{sim}}(t)-Q_{\mathrm{obs}}(t)\right| \tag{4-5}$$

式中：T为总时段；$Q_{\mathrm{sim}}(t)$和$Q_{\mathrm{obs}}(t)$分别为第t天的预测值和实测值。

2．相对误差

相对误差是全时段预报误差之和相对实际径流总量的百分比，计算公式如下：

$$\mathrm{RE}=\frac{\sum_{t=1}^{T}\left[Q_{\mathrm{sim}}(t)-Q_{\mathrm{obs}}(t)\right]}{\sum_{t=1}^{T}Q_{\mathrm{obs}}(t)}\times 100\% \tag{4-6}$$

3．均方误差

均方误差是对各时刻径流预报误差取平方后求和，再对其求平均值。MSE 是有效衡量预报精度的指标之一，计算公式如下：

$$\mathrm{MSE}=\frac{1}{T}\sum_{t=1}^{T}\left[Q_{\mathrm{sim}}(t)-Q_{\mathrm{obs}}(t)\right]^2 \tag{4-7}$$

4．均方根误差

均方根误差是对均方误差求平方根后的结果，计算公式如下：

$$\mathrm{RMSE}=\sqrt{\frac{1}{T}\sum_{t=1}^{T}\left[Q_{\mathrm{sim}}(t)-Q_{\mathrm{obs}}(t)\right]^2} \tag{4-8}$$

5．均方根百分比误差

均方根百分比误差计算公式如下：

$$\mathrm{RMSPE}=\sqrt{\frac{1}{T}\sum_{t=1}^{T}\left[\frac{Q_{\mathrm{sim}}(t)-Q_{\mathrm{obs}}(t)}{Q_{\mathrm{obs}}(t)}\right]^2} \tag{4-9}$$

6．Nash 效率系数

Nash 效率系数（Nash et al.，1970）是目前评价径流模拟精度优劣的重要指标之一，计算公式如下：

$$\mathrm{NSE}=1-\frac{\sum_{t=1}^{T}\left[Q_{\mathrm{sim}}(t)-Q_{\mathrm{obs}}(t)\right]^2}{\sum_{t=1}^{T}\left[Q_{\mathrm{obs}}(t)-\overline{Q_{\mathrm{obs}}}\right]^2}=1-\frac{\mathrm{MSE}}{\sigma_{\mathrm{obs}}^2} \tag{4-10}$$

式中：$\overline{Q_{\mathrm{obs}}}$ 为整个时期的实测流量均值。

NSE 和均方根误差及实测值方差（σ_{obs}^2）是相关的，因此其计算公式可转换为式（4-10）中后者的形式。

NSE 值越接近 1，说明模型表现越好。NSE 可以理解为某一模型与“无知识模型”模拟效果的比较，而该“无知识模型”为所有时段实测值的均值，当 NSE≤0 时，说明模型模拟效果不佳，没有观测值均值的模拟效果好。

7. 水量平衡系数

水量平衡系数用于衡量全时段内流量总量的模拟效果，计算公式如下：

$$\mathrm{WBE}=\frac{\sum_{t=1}^{T} Q_{\mathrm{sim}}(t)}{\sum_{t=1}^{T} Q_{\mathrm{obs}}(t)}\times 100\% \tag{4-11}$$

参 考 文 献

董磊华, 熊立华, 2009. 水文模型中不同目标函数的影响分析比较[J]. 水文, 29(3): 24-27.

李宝兴, 1999. 最优化方法[M]. 北京: 清华大学出版社.

李敏强, 寇纪淞, 林丹, 等, 2002. 遗传算法的基本理论与应用[M]. 北京: 科学出版社.

水利部水利信息中心, 2000. 水文情报预报规范: SL 250—2000[S]. 北京:中国水利水电出版社.

熊立华, 盖永岗, 陈小兰, 等, 2009. 不同目标函数下水文模拟结果的综合[J]. 武汉大学学报(工学版), 42(2): 143-146.

阎平凡, 张长水, 2000. 人工神经网络与模拟进化计算[M]. 北京: 清华大学出版社.

恽为民, 1995. 基于遗传的机器人运动规划[D]. 上海: 上海交通大学.

恽为民, 席裕庚, 1996. 遗传算法的运行机理分析[J]. 控制理论与应用, 13(3): 297-304.

中华人民共和国国家质量监督检验检疫总局、中国国家标准化管理委员会, 2008. 水文情报预报规范: GB/T 22482—2008[S]. 北京.

中华人民共和国水利电力部, 1985. 水文情报预报规范: SD 138—85[S].

周明, 孙树栋, 2000. 遗传算法原理及其应用[M]. 北京: 国防工业出版社.

BRINDLE A, 1981. Genetic algorithms for function optimization[D]. Edmonton: University of Alberta.

CAVIEEHIO D J, 1972. Reproductive adaptive plans[C]// Proceedings of the ACM 1972 annual conference, 1: 60-70.

DE JONG K A, 1975. An analysis of the behavior of a class of genetic adaptive systems[D]. Ann Arber: University of Michigan.

DONG L H, XIONG L H, ZHENG Y, 2013. Uncertainty analysis of coupling multiple hydrologic models and multiple objective functions in Han River, China[J]. Water science and technology, 68(3): 506-513.

DUAN Q Y, GUPTA V K, SOROOSHIAN S, 1993. Shuffled complex evolution approach for effective and efficient global minimization[J]. Journal of optimization theory and application, 76(3): 501-521.

DUAN Q Y, SOROOSHIAN S, GUPTA V K, 1992. Effective and efficient global optimization for conceptual rainfall-runoff models[J]. Water resources research, 28(4): 1015-1031.

GOLDBERG D E, 1991. Real-coded genetic algorithm, virtual alphabets and blocking[J]. Complex systems, 5(2): 139-167.

GUPTA H V, KLING H, YILMAZ K K, et al., 2009. Decomposition of the mean squared error and NSE performance criteria: implications for improving hydrological modelling[J]. Journal of hydrology, 377(1/2): 80-91.

HOLLAND J H, 1992. Adaptation in natural and artificial systems: an introductory analysis with applications to biology, control, and artificial intelligence[M]. 2nd ed. Cambridge: MIT Press.

NASH J E, SUTCLIFFE J V, 1970. River flow forecasting through conceptual models, part I: a discussion of principles[J]. Journal of hydrology, 10(3): 282-290.

OUDIN L, ANDREASSIAN V, MATHEVET T, et al., 2006. Dynamic averaging of rainfall-runoff model simulation from complementary model parameterizations[J]. Water resources research, 42(7): W07410.

SYSWERDA G, 1989. Uniform crossover in genetic algorithms[C]// International conference on genetic algorithms: 2-9. San Francisco: Morgan Kaufmann Publishers Inc.

WHITLEY D, STARKWEATHER T, 1990. GENITOR II: a distributed genetic algorithm[J]. Journal of experimental & theoretical artificial intelligence, 2(3): 189-214.

第5章

西江流域分布式降雨径流模拟

5.1　西江流域 DDRM 构建

5.1.1　西江流域数字流域信息提取

本章将分辨率为 90 m 的 SRTM 数据作为 DEM 数据源，为降低水文模型模拟计算量，将其重采样至 1 km 空间分辨率。重采样后的 DEM 数据经数字化主干河道强迫修正和填洼预处理后得到数字流域信息提取所需要的 DEM 数据（图 5-1）。在 ArcGIS 软件中，利用 Flow Direction 工具可生成流域栅格流向（图 5-2），以栅格流向为输入，可进一步利用 Flow Accumulation 工具生成流域栅格集水面积（图 5-3）。

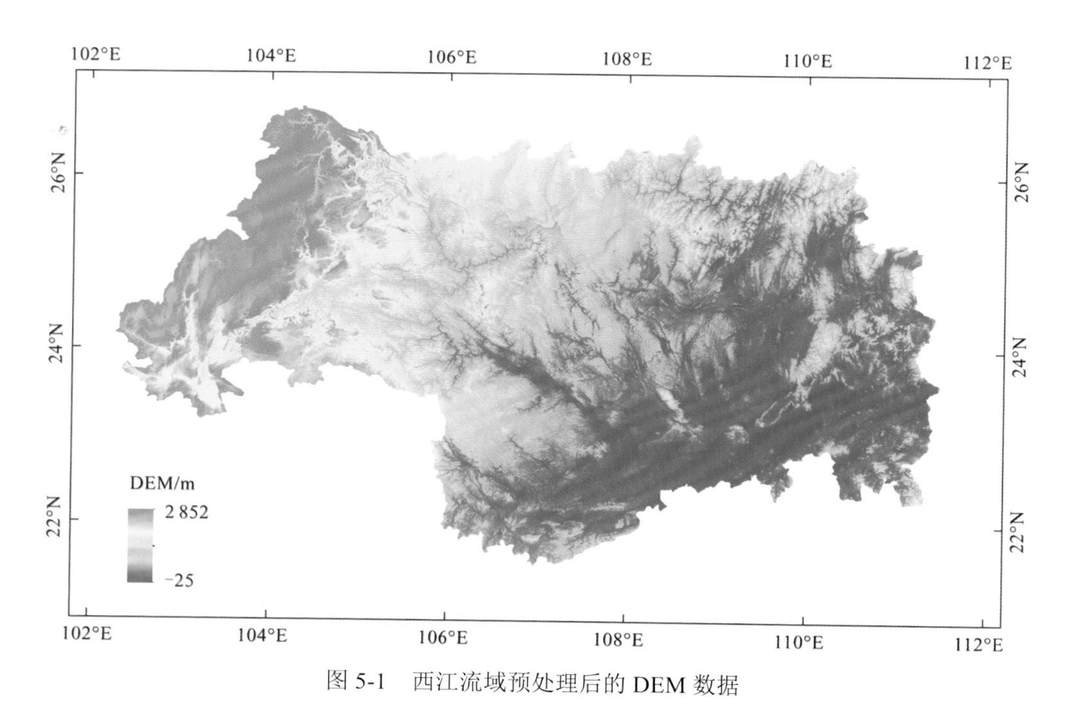

图 5-1　西江流域预处理后的 DEM 数据

基于上述研究成果，综合考虑站点水文资料系列数据质量（可靠性、一致性等），将西江流域划分为 9 个子流域，其基本信息如表 5-1 和图 5-4 所示。

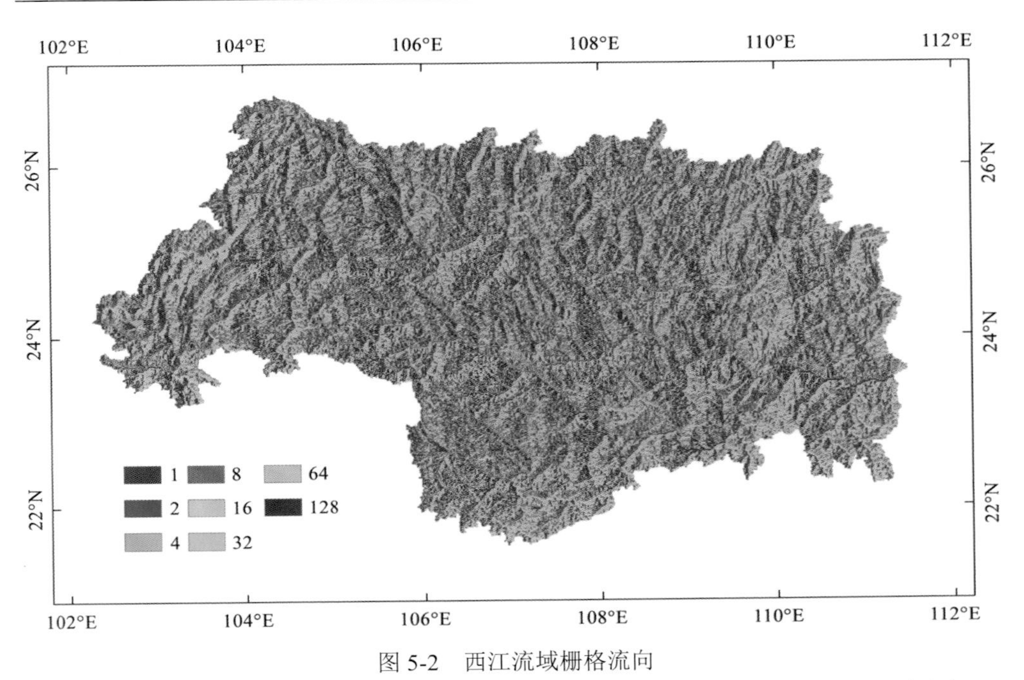

图 5-2　西江流域栅格流向

数字代表栅格流向，1 为东，2 为东北，4 为北，8 为西北，16 为西，32 为西南，64 为南，128 为东南

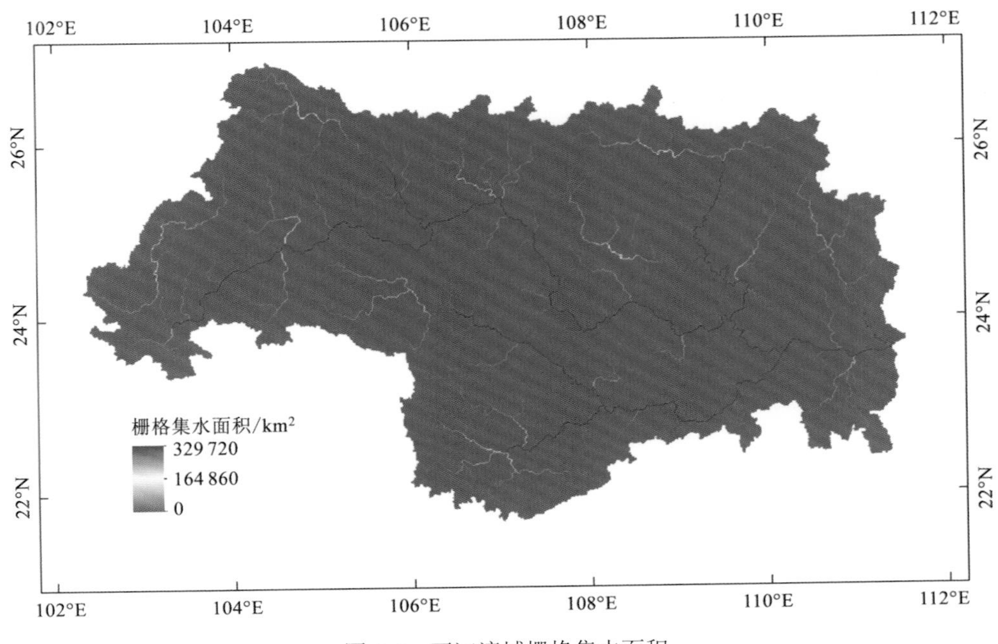

图 5-3　西江流域栅格集水面积

表 5-1　西江流域子流域划分基本情况

序号	子流域	水库（水文站）	面积/万 km^2
1	光照站以上	光照站	1.41
2	天一站以上	天一站	5.08
3	百色站以上	百色站	1.70
4	光照站、天一站–龙滩站	龙滩站	4.15
5	红花站以上	红花站	4.77
6	百色站–西津站	西津站	6.40
7	龙滩站–岩滩站	岩滩站	0.90
8	红花站、西津站、岩滩站–长洲站	长洲站	6.53
9	长洲站–梧州站	梧州站	2.03
	合计		32.97

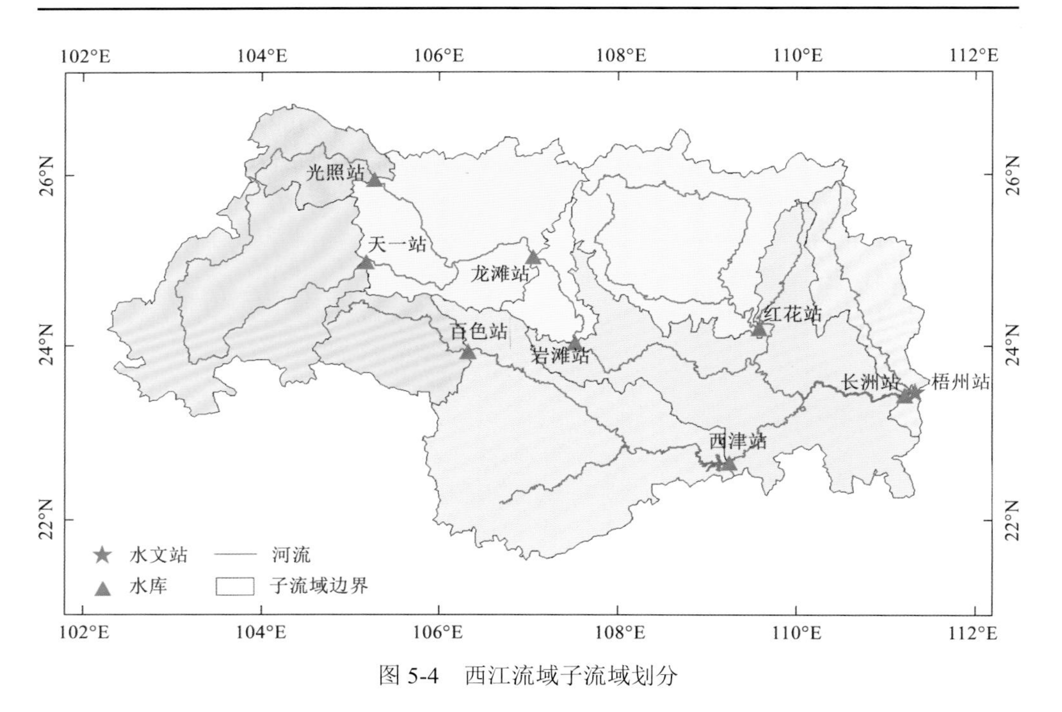

图 5-4　西江流域子流域划分

5.1.2　西江流域水文气象资料预处理

1．降雨

降雨是水文循环中最重要、最活跃的物理过程之一。降雨的时空分布对流域产汇流的影响非常大。常规获取降雨资料的手段是雨量站网，而较新的手段则是雷达和卫星遥感技术。雨量站观测的降雨量为点降雨量，它只表示区域中某点或者一个小范围的降雨情况；相对而言，卫星遥感技术具有获取更大范围信息的能力。尽管如此，在目前阶段，雨量站网仍然是大多数流域观测降雨的主要手段。雨量站网观测的降雨量在空间上是非规则离散分布的，并不能完全反映实际降雨在空间上的连续分布。在分布式降雨径流模型中，需要估计流域 DEM 中每个栅格点上的降雨量，因此根据雨量站观测值进行降雨空间插值分析具有十分重要的意义。

降雨空间插值是指使用邻近的雨量站观测值来估计未知点的值，一般包括 4 个步骤：①定义以未知点为中心的邻域或搜索范围；②搜索落在此邻域范围的数据点；③选择表达这有限个点的空间变化的数学函数；④估计未知点的值。

使用局部插值方法需要注意：①使用的插值函数；②邻域的大小、形状和方向；③数据点的个数；④数据点的分布方式是否规则。常用的插值方法包括泰森多边形法、克里金插值法和反距离加权插值法（石朋　等，2005；侯景儒　等，1990；Lam，1983）。

1）泰森多边形法

泰森多边形法是由荷兰气候学家 Thiessen 提出的一种根据离散分布的实测降雨量来计算平均降雨量的方法，即将所有相邻气象站连成三角形，作这些三角形各边的垂直平分线，将该三角形外接圆的圆心连接起来得到一个多边形，用这个多边形内所包含的唯一气象站的降雨强度来表示这个多边形区域内的降雨强度，并称这个多边形为泰森多边形（侯景儒　等，1990）。如图 5-5 所示，泰森多边形法原理简单，操作简便，因此，在空间插值中得到广泛使用。但是泰森多边形法实际上是假设空间属性在边界上发生突变，在区域内均匀分布，这并不符合实际情况。

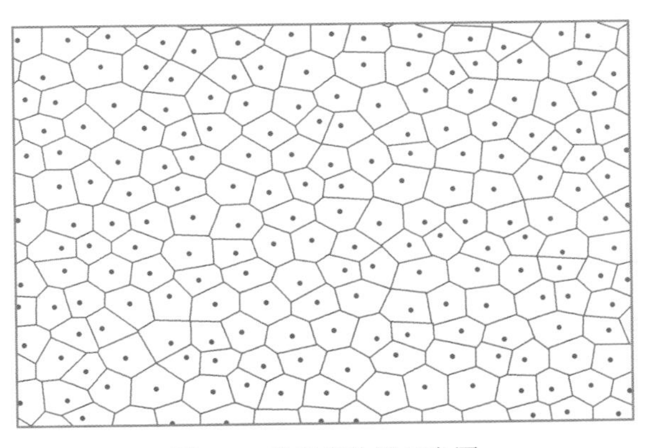

图 5-5　泰森多边形示意图

2）克里金插值法

克里金插值法由法国地理学家 Matheron 和南非矿山工程师 Krige 提出，它是建立在地质统计学基础上的一种插值方法（Tobler，1979；Delhomme，1978）。该方法认为任何在空间连续变化的属性都是非常不规则的，不能用简单的平滑函数进行模拟，只可以用随机表面函数给予恰当描述。克里金插值法的关键在于权重系数的确定。该方法在插值过程中根据某种优化准则函数来动态决定变量的数值，从而使内插函数处于最佳状态（石朋 等，2005）。

克里金插值法包括普通克里金方法、泛克里金方法及协克里金方法等。普通克里金方法认为当空间变量 $Z(x)$ 的结构性成分 $m(x)$ 确定后，剩余的差异变化属于同质变化，不同位置之间的差异仅是距离的函数。而泛克里金方法主要用于研究具有漂移成分的空间变量的估计问题，当有漂移成分存在时，空间变量 $Z(x)$ 的结构性成分 $m(x)$ 不再为常数，而是随空间位置发生变化。当高程增加时，降雨有增加的趋势，为考虑该类问题，出现了协克里金方法等改进的插值方法（石朋 等，2005）。当考虑降雨与高程的相关性时，可将高程作为协变量引入权重函数中。Borga 等（1997）和 Dirks 等（1998）发现当站网密度较高时，普通克里金方法的插值效果与其他常用的插值方法相比并无明显优势。

普通克里金方法插值公式为

$$Z(x_0)=\sum_{i=1}^{n} r_i Z(x_i) \tag{5-1}$$

式中：$Z(x_0)$ 为未知点 x_0 处的估计值；$Z(x_i)$ 为已知点 x_i 处的观测值；r_i 为普通克里金方法权重系数；n 为观测点个数。

3）反距离加权插值法

反距离加权插值法基于相近相似的原理，每个数据点都对插值点有一定的影响，即权重。在进行插值的过程中，权重随着数据点和插值点之间距离的增大而减小，距离插值点越近的数据点的权重越大，对采样点的贡献越大。当数据点在距离插值点一定范围以外时，权重可以忽略不计。其计算公式如下：

$$\hat{Z}(x_0)=\begin{cases}\dfrac{\sum\limits_{i=1}^{n} Z(x_i)\, d(x_0,x_i)^{-\lambda}}{\sum\limits_{i=1}^{n} d(x_0,x_i)^{-\lambda}}, & d(x_0,x_i)>0,\ i=1,2,\cdots,n \\ Z(x_i), & d(x_0,x_i)=0,\ i=1,2,\cdots,n\end{cases} \tag{5-2}$$

式中：$\hat{Z}(x_0)$ 为未知点 x_0 处的估计值；$Z(x_i)$ 为已知点 x_i 处的观测值；$d(x_0,x_i)$ 为未知点 x_0 到数据已知点 x_i 的距离；λ 为大于 0 的常数，称为加权幂指数；n 为观测点个数。

本章选用反距离加权插值法对雨量站实测降雨量进行空间插值计算。

2. 潜在蒸散发

1）Penman-Monteith 方法

Penman-Monteith 方法（Monteith，1965）是一种基于物理的且相对简单的计算潜在蒸散发的方法，该方法力图用一种简单的方式来考虑表面的能量平衡和低温时湍流控制水蒸气逸散的方式，但其在数据和与参数方面的要求较高。Penman-Monteith 方法计算公式如下：

$$\text{PET}=\frac{0.408\Delta(R_{\text{n}}-G)+\gamma\dfrac{900}{\text{Te}+273}u_2(e_{\text{s}}-e_{\text{a}})}{\Delta+\gamma(1+0.34u_2)} \tag{5-3}$$

式中：R_{n} 为太阳净辐射[MJ/（$\text{m}^2\cdot\text{d}$）]；G 为土壤热通量[MJ/（$\text{m}^2\cdot\text{d}$）]，若以天计算则可认为 $G=0$；γ 为干湿计常数（kPa/℃）；u_2 为 2 m 处风速（m/s）；e_{s} 为饱和水汽压（kPa）；e_{a} 为实际水汽压（kPa）；Δ 为水汽压曲线斜率（kPa/℃）；Te 为气温（℃）。

2）季节性正弦曲线

Calder 等（1983）的研究表明，季节性正弦曲线可以得出与需要更多数据且较为复杂的公式表达法同样好的结果。他们把该模型所需要的唯一参数——日平均蒸散发能力作为待优化的参数，并且发现相似的数值可以用在所有的研究地点。季节性正弦曲线一般可以用下面的形式定义：

$$\text{PET}=\bar{E}_{\text{p}}\left[1+\sin\left(\frac{360i}{365}-90\right)\right] \tag{5-4}$$

式中：$\bar{E}_{\text{p}}$ 为气候日平均蒸散发能力（mm/d）；i 为一年中的第 i 天。

如果蒸散发的日变化也在考虑之列，那么可以用一个独立的正弦曲线将每日数值在时间上重新分配。这个方法的优点是不需要气象方面的变量，也不考虑温度、湿度及云量等的逐日变化和逐时变化对蒸散发能力估算的影响，气候日平均蒸散发能力 $\bar{E}_{\text{p}}$ 为唯一待估算的参数。Calder 等（1983）认为至少在湿润温和的环境中，这可能是空间上一个相对保守的量。

本章采用 Penman-Monteith 方法计算得到各站的逐日潜在蒸散发能力，同样采用反距离加权插值法对其进行空间插值。

5.1.3　西江流域 DDRM 参数率定结果

运用 SCE-UA 算法分别对西江流域各子流域模型参数进行率定，率定结果如见表 5-2 所示。

表 5-2　西江流域各子流域 DDRM 参数表

子流域	$S0$ /mm	SM /mm	TS /h	TP/h	a	b	n	c_0	c_1	hc_0	hc_1
天一站以上	388	85	333	155	0.01	0.71	0.63	0.98	0.01	0.86	0.07
光照站以上	356	158	379	81	0.2	0.26	0.98	0.98	0.01	0.56	0.22
天一站、光照站–龙滩站	372	193	377	181	0.01	0.69	0.31	0.98	0.01	0.69	0.16
龙滩站–岩滩站	350	31	235	86	0.01	0.58	0.83	0.98	0.01	0.85	0.07
其余子流域	390	92	382	96	0.01	0.54	0.72	0.98	0.01	0.40	0.30

5.2　西江流域 DDRM 径流模拟精度评定

1．梧州站

梧州站为西江流域出口控制站，其日径流模拟精度评定结果如表 5-3 所示，实测与模拟日径流过程对比如图 5-6 和图 5-7 所示。率定期 DDRM 模拟的 NSE 值为 0.80，径流总量 RE 值为–5.06%，洪峰流量误差绝对值在 10.04%～32.18%。验证期 DDRM 模拟的 NSE 值为 0.63，径流总量 RE 值为–3.08%，洪峰流量误差绝对值在 9.74%～33.86%。

表 5-3　梧州站日径流模拟精度评定表

时期	洪号	洪峰流量			NSE	径流总量 RE/%
		实测/（m^3/s）	模拟/（m^3/s）	误差/%		
率定期	20100603	23 100	16 415	–28.94	0.80	–5.06
	20100622	29 700	24 903	–16.15		
	20100729	14 000	18 206	30.04		
	20100927	9 440	12 478	32.18		
	20110618	16 900	13 038	–22.85		
	20111008	14 800	16 286	10.04		
	20120613	19 500	17 064	–12.49		
	20120823	14 200	11 909	–16.13		

续表

时期	洪号	洪峰流量			NSE	径流总量
		实测/（m³/s）	模拟/（m³/s）	误差/%		RE/%
验证期	20130612	22 000	15 271	−30.59	0.63	−3.08
	20130820	21 900	19 766	−9.74		
	20131113	13 800	10 825	−21.56		
	20140607	24 000	15 873	−33.86		
	20140708	17 800	22 113	24.23		
	20140821	15 100	19 490	29.07		
	20140923	14 500	18 815	29.76		

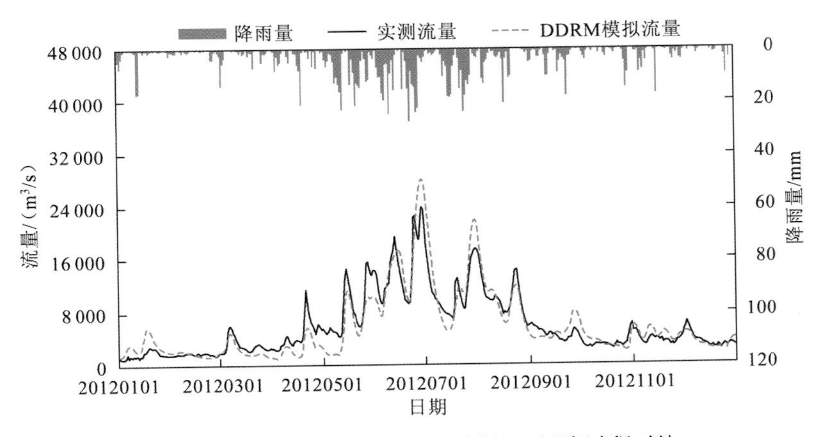

图 5-6　梧州站 2012 年实测与模拟日径流过程对比

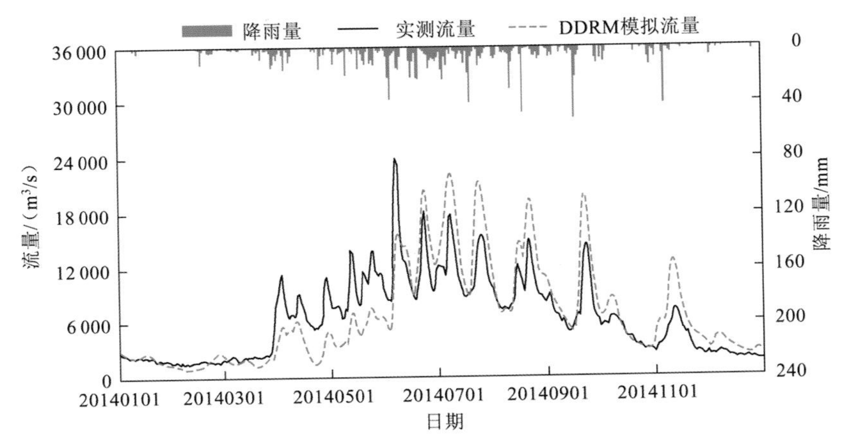

图 5-7　梧州站 2014 年实测与模拟日径流过程对比

2. 岩滩水库

鉴于岩滩水库日入库流量受上游龙滩水库调蓄影响较大，模型将龙滩水库的实测日出库流量作为河网汇流模块的数据输入来进行岩滩水库日入库径流模拟，其日入库径流模拟精度评定结果如表 5-4 所示，实测与模拟日入库径流过程对比如图 5-8 和图 5-9 所示。率定期 DDRM 模拟的 NSE 值为 0.92，径流总量 RE 值为 6.35%，洪峰流量误差绝对值在 0.05%～12.19%。验证期 DDRM 模拟的 NSE 值为 0.88，径流总量 RE 值为 13.06%，洪峰流量误差绝对值在 0.75%～14.47%。

表 5-4　岩滩水库日入库径流模拟精度评定表

时期	洪号	洪峰流量			NSE	径流总量
		实测/（m³/s）	模拟/（m³/s）	误差/%		RE/%
率定期	20130412	1 959	1 872	−4.44	0.92	6.35
	20130608	1 821	1 599	−12.19		
	20140725	3 285	3 318	1.00		
	20140924	3 835	3 833	−0.05		
	20150701	3 146	3 436	9.22		
	20150912	4 416	4 193	−5.05		
验证期	20160612	3 351	2 866	−14.47	0.88	13.06
	20170712	4 218	3 682	−12.71		
	20170907	6 098	6 144	0.75		

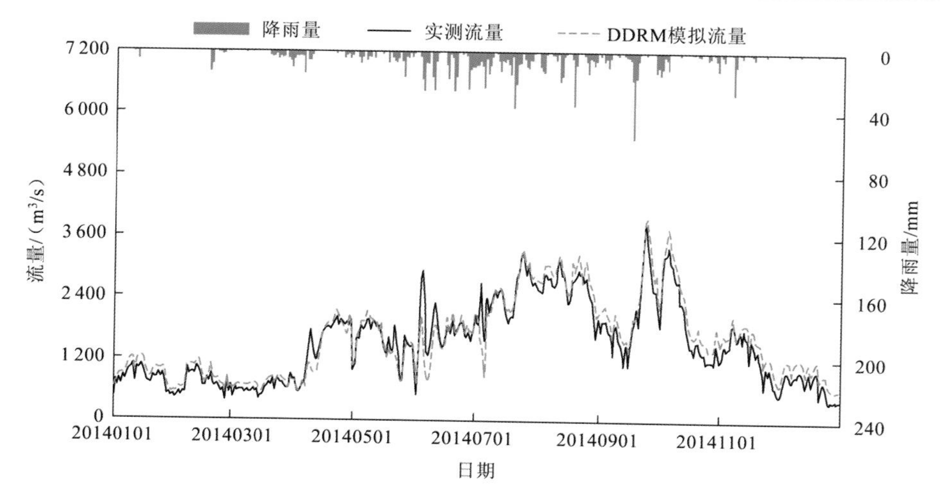

图 5-8　岩滩水库 2014 年实测与模拟日入库径流过程对比

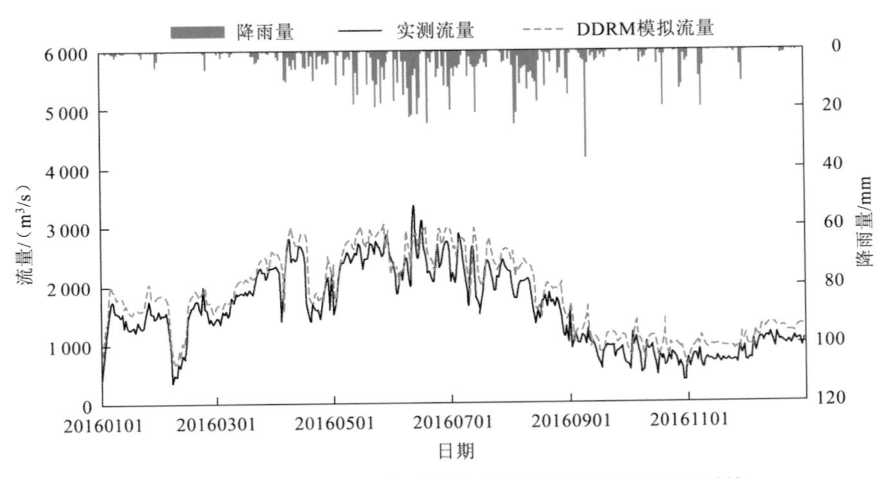

图 5-9　岩滩水库 2016 年实测与模拟日入库径流过程对比

3. 龙滩水库

龙滩水库日入库径流模拟精度评定结果如表 5-5 所示，实测与模拟日入库径流过程对比如图 5-10 和图 5-11 所示。率定期 DDRM 模拟的 NSE 值为 0.70，径流总量 RE 值为−14.40%，洪峰流量误差绝对值在 3.68%～38.43%。验证期 DDRM 模拟的 NSE 值为 0.68，径流总量 RE 值为−0.81%，洪峰流量误差绝对值在 3.62%～43.74%。

表 5-5　龙滩水库日入库径流模拟精度评定表

时期	洪号	洪峰流量			NSE	径流总量
		实测/（m^3/s）	模拟/（m^3/s）	误差/%		RE/%
率定期	20070828	7 285	5 308	−27.14	0.70	−14.40
	20080613	6 987	4 302	−38.43		
	20081105	5 589	4 413	−21.04		
	20090703	6 940	4 373	−36.99		
	20090727	3 529	3 741	6.01		
	20100725	5 385	4 791	−11.03		
	20101002	4 394	3 622	−17.57		
	20110619	3 509	2 229	−36.48		
	20111003	1 224	1 627	32.92		
	20120629	4 405	4 243	−3.68		
	20120728	4 697	5 113	8.86		

续表

时期	洪号	洪峰流量			NSE	径流总量
		实测/（m^3/s）	模拟/（m^3/s）	误差/%		RE/%
验证期	20130610	2 709	1 539	−43.19	0.68	−0.81
	20140722	5 389	5 584	3.62		
	20140920	6 932	6 268	−9.58		
	20150621	6 957	3 984	−42.73		
	20150829	6 073	5 711	−5.96		
	20160613	6 271	3 528	−43.74		
	20160817	3 058	3 828	25.18		
	20170712	5 898	6 262	6.17		
	20170906	7 539	5 485	−27.25		

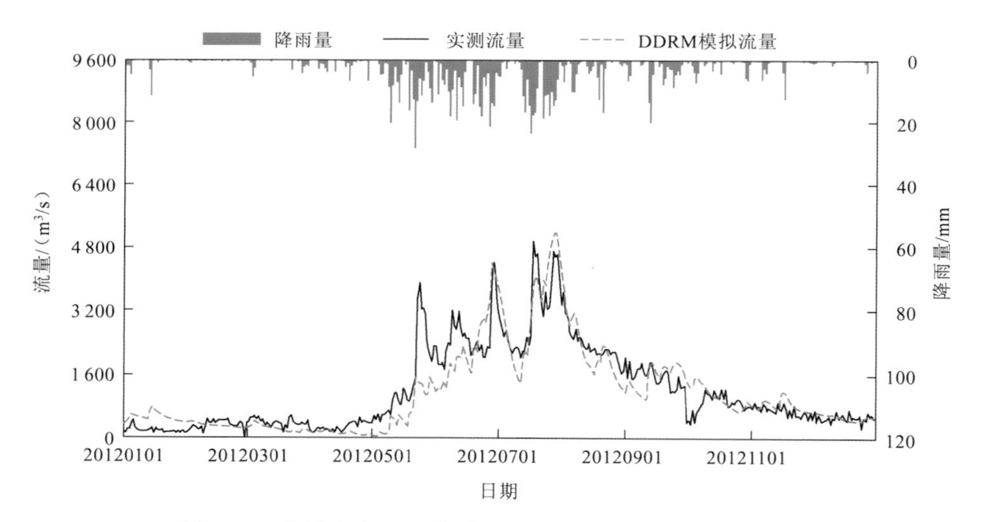

图 5-10　龙滩水库 2012 年实测与模拟日入库径流过程对比

4．天一水库

天一水库日入库径流模拟精度评定结果如表 5-6 所示，实测与模拟日入库径流过程对比如图 5-12 和图 5-13 所示。率定期 DDRM 模拟的 NSE 值为 0.85，径流总量 RE 值为−7.14%，洪峰流量误差绝对值在 0.21%～35.27%。验证期 DDRM 模拟的 NSE 值为 0.84，径流总量 RE 值为 6.18%，洪峰流量误差绝对值在 1.07%～34.07%。

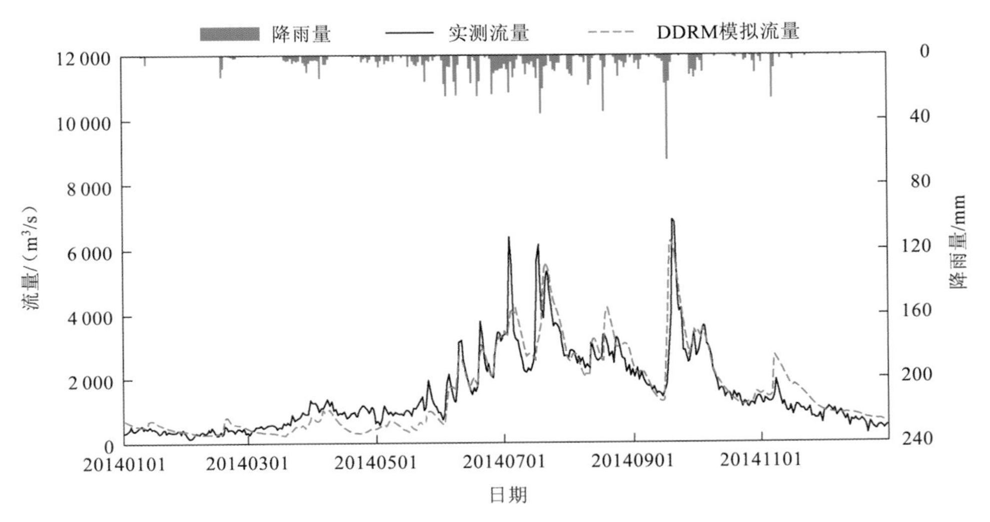

图 5-11　龙滩水库 2014 年实测与模拟日入库径流过程对比

表 5-6　天一水库日入库径流模拟精度评定表

时期	洪号	洪峰流量			NSE	径流总量
		实测/（m^3/s）	模拟/（m^3/s）	误差/%		RE/%
率定期	20030726	3 600	2 383	−33.81	0.85	−7.14
	20030902	1 830	1 287	−29.67		
	20040722	2 020	2 258	11.78		
	20040827	2 260	1 463	−35.27		
	20050620	1 700	1 538	−9.53		
	20050720	2 020	1 731	−14.31		
	20060708	2 420	2 047	−15.41		
	20060808	1 430	1 680	17.48		
	20061012	2 410	2 405	−0.21		
	20070827	2 930	2 714	−7.37		
	20080809	2 960	2 283	−22.87		
	20090630	2 550	2 355	−7.65		
	20100630	2 110	1 760	−16.59		
	20101002	1 130	1 438	27.26		
	20120728	2 800	2 602	−7.07		

续表

时期	洪号	洪峰流量			NSE	径流总量
		实测/（m^3/s）	模拟/（m^3/s）	误差/%		RE/%
验证期	20130703	1 100	1 022	−7.09	0.84	6.18
	20130903	2 690	2 206	−17.99		
	20140721	4 040	2 956	−26.83		
	20150828	4 910	3 237	−34.07		
	20160910	1 770	2 339	32.15		
	20161110	1 120	1 132	1.07		
	20170721	4 340	4 654	7.24		

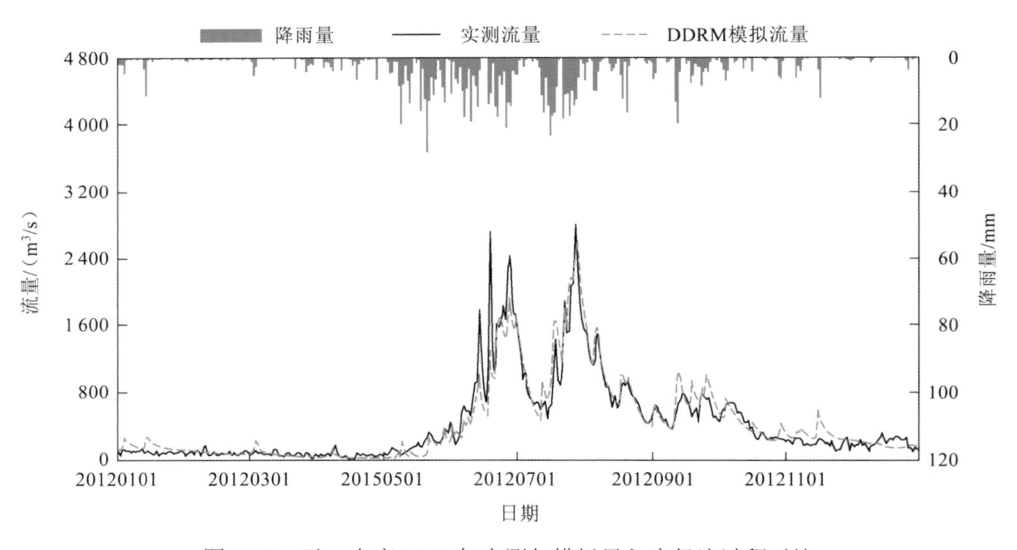

图 5-12　天一水库 2012 年实测与模拟日入库径流过程对比

5．光照水库

光照水库日入库径流模拟精度评定结果如表 5-7 所示，实测与模拟日入库径流过程对比如图 5-14 和图 5-15 所示。率定期 DDRM 模拟的 NSE 值为 0.73，径流总量 RE 值为−7.81%，洪峰流量误差绝对值在 8.58%～57.27%。验证期 DDRM 模拟的NSE 值为0.78，径流总量 RE 值为 12.65%，洪峰流量误差绝对值在 7.85%～46.47%。

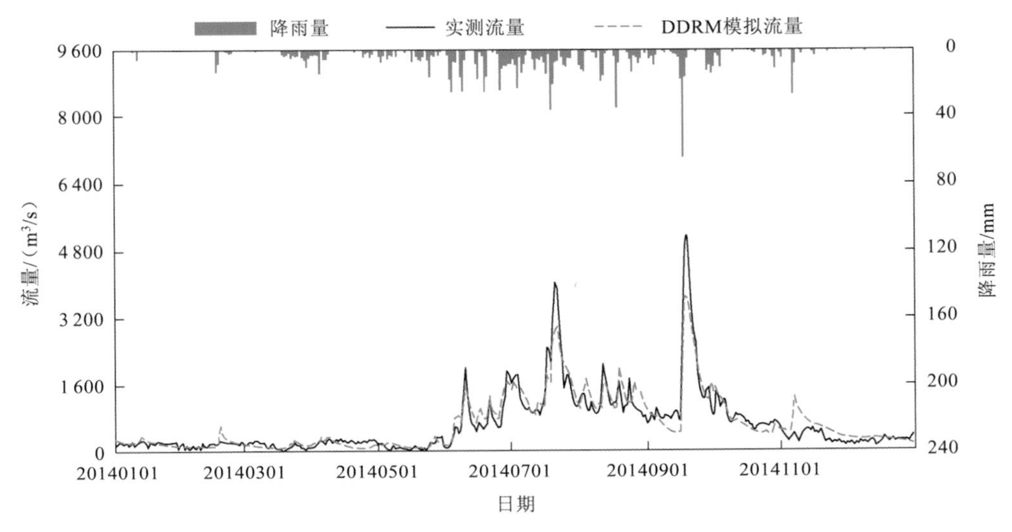

图 5-13　天一水库 2014 年实测与模拟日入库径流过程对比

表 5-7　光照水库日入库径流模拟精度评定表

时期	洪号	洪峰流量			NSE	径流总量
		实测/（m^3/s）	模拟/（m^3/s）	误差/%		RE/%
率定期	20110805	566	404	−28.62	0.73	−7.81
	20120630	1 184	1 052	−11.15		
	20120713	2 345	1 002	−57.27		
	20120726	1 026	1 114	8.58		
	20130903	700	761	8.71		
	20140722	1 602	1 177	−26.53		
	20140918	3 435	2 666	−22.39		
验证期	20150828	1 376	1 484	7.85	0.78	12.65
	20150906	1 089	1 316	20.84		
	20151010	1 491	1 230	−17.51		
	20160625	1 005	538	−46.47		
	20170630	2 140	1 148	−46.36		
	20170902	1 087	863	−20.61		

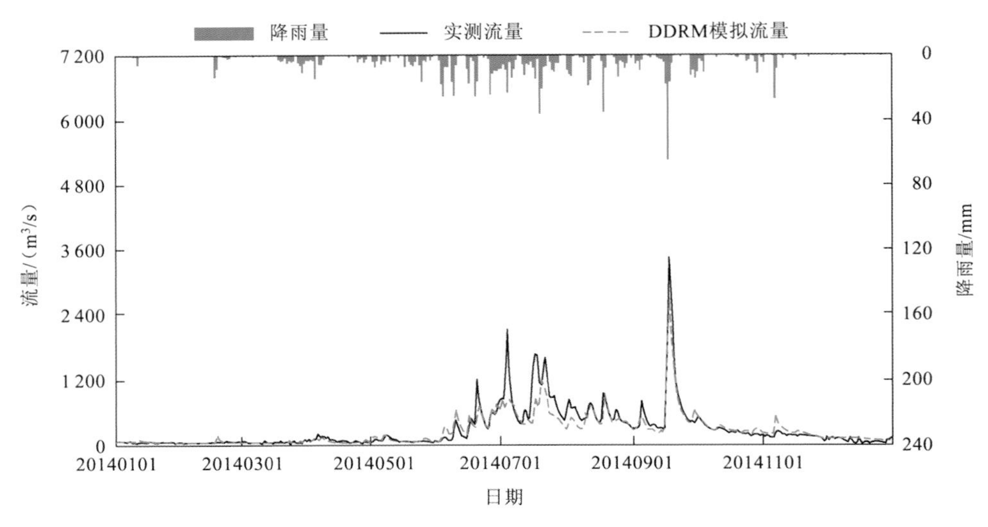

图 5-14　光照水库 2014 年实测与模拟日入库径流过程对比

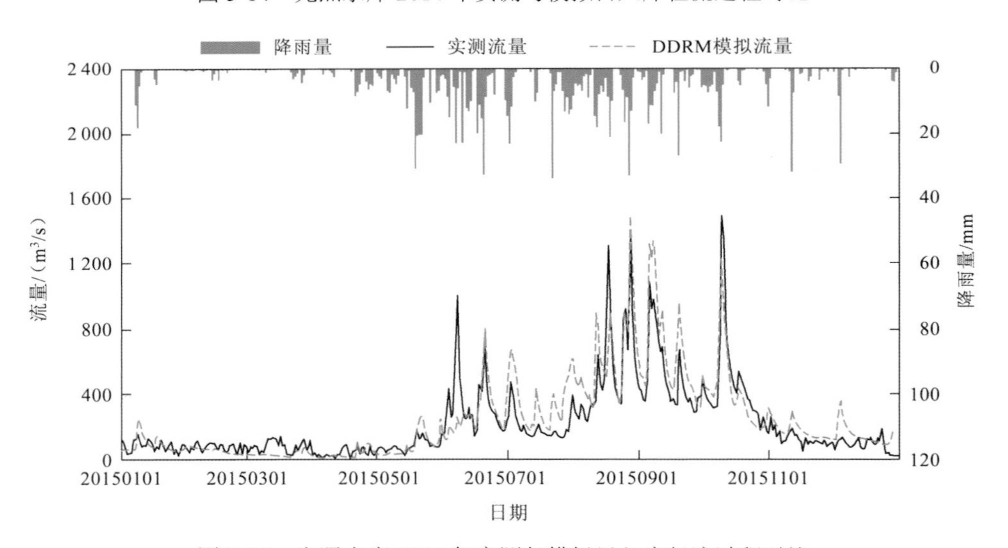

图 5-15　光照水库 2015 年实测与模拟日入库径流过程对比

5.3　西江流域栅格土壤含水量与径流量空间分布模拟结果

DDRM 不仅可以模拟流域出口点的径流过程，还可以模拟各时刻流域土壤含水量和径流量的空间分布。这里选取了梧州站 20120629 场次洪水中的三个时刻，即 2012 年 6 月 26 日（涨水时刻）、2012 年 6 月 29 日（洪峰时刻）及 2012 年 7 月 4 日（退水时刻），对不同时刻西江流域土壤含水量 θ 和径流量 Q 的空间分布做简单分析。

图 5-16 给出了西江流域不同时刻日土壤含水量的空间分布情况。在涨水时刻（20120626），下游大部分区域的含水量达到饱和，上游含水量分布不均且相对下游较低。在洪峰时刻（20120629），下游部分区域的含水量有轻微降低，上游多数区域的含水量有明显上升，这是因为上游存在局部降雨，但此次降雨量较小，对梧州站的流量贡献不大。在退水时刻（20120704），整个西江流域的含水量全面、大幅降低，只有少量地区接近饱和状态。

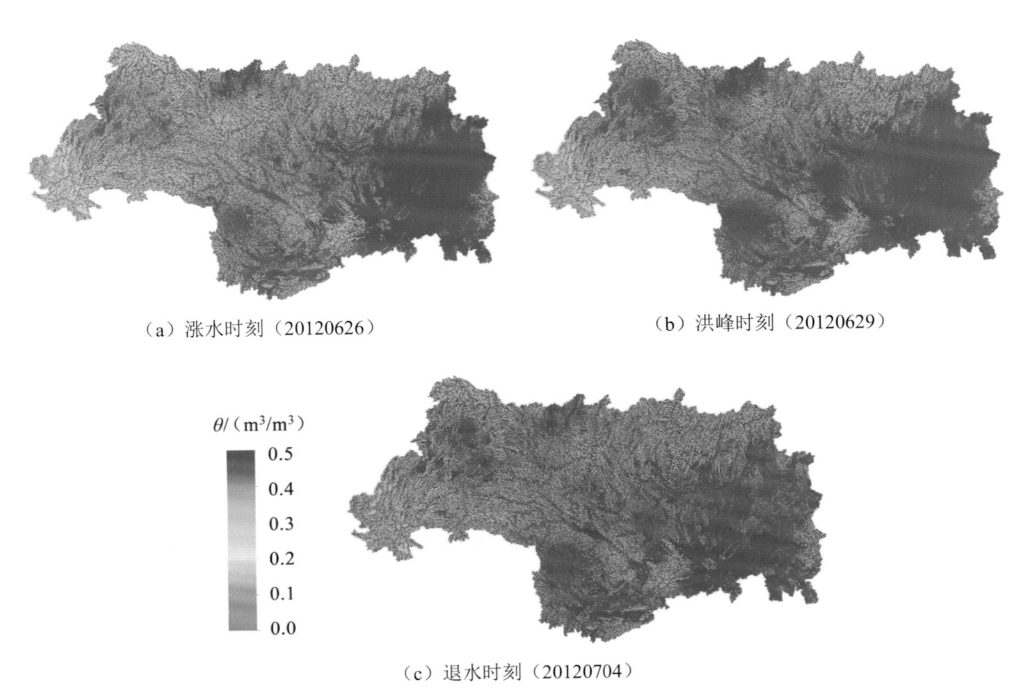

（a）涨水时刻（20120626）　（b）洪峰时刻（20120629）

（c）退水时刻（20120704）

图 5-16　西江流域不同时刻（涨水时刻、洪峰时刻及退水时刻）日土壤含水量的空间分布

图 5-17 给出了西江流域不同时刻栅格日径流量的空间分布，可以看出，上游到下游的径流量逐渐增大，河网水系栅格明显比普通栅格的径流量大很多。洪峰时刻流域下游平均栅格径流量高于涨水时刻和退水时刻；由于洪峰时刻流域上游局部降雨的存在，洪峰时刻流域上游平均栅格径流量也高于涨水时刻和退水时刻。

（a）涨水时刻（20120626）

（b）洪峰时刻（20120629）

（c）退水时刻（20120704）

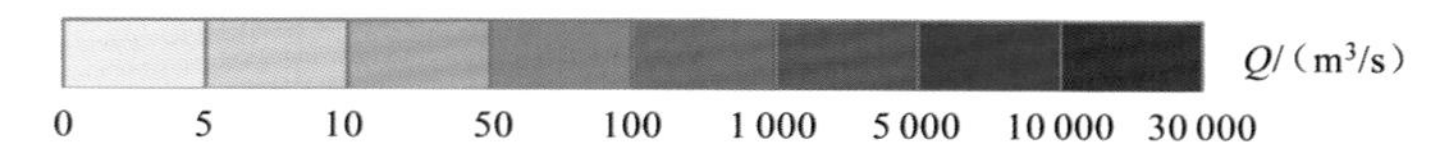

图 5-17　西江流域不同时刻（涨水时刻、洪峰时刻及退水时刻）栅格日径流量的空间分布

参 考 文 献

侯景儒，黄竞先，1990. 地质统计学的理论与方法[M]. 北京：地质出版社.
石朋，芮孝芳，2005. 降雨空间插值方法的比较与改进[J]. 河海大学学报(自然科学版)，33(4): 361-365.
BORGA M, VIZZACCARO A, 1997. On the interpolation of hydrologic variables: formal equivalence of multiquadratic surface fitting and kriging[J]. Journal of hydrology, 195(1/2/3/4): 160-171.
CALDER I R, HARDING R J, ROSIER P T W, 1983. An objective assessment of soil moisture deficit models[J]. Journal of hydrology, 60(1): 329-355.
DELHOMME J P, 1978. Kriging in the Hydrosciences[J]. Advances in water resources, 1(5): 251-266.
DIRKS K N, HAY J E, STOW C D, 1998. High-resolution studies of rainfall on Norfolk Island part II: interpolation of rainfall data[J]. Journal of hydrology, 208(3): 187-193.
LAM S N, 1983. Spatial interpolation methods: a review[J]. The American cartographer, 10(2): 129-150.
MONTEITH J L, 1965. Evaporation and environment[J]. Symposia of the society for experimental biology, 19(19): 205-234.
TOBLER W R, 1979. Smooth pycnophylactic interpolation for geographical regions[J]. Journal of the American statistical association, 74(367): 519-530.

第 6 章

东江流域分布式降雨径流模拟

6.1　东江流域 DDRM 构建

6.1.1　东江流域数字流域信息提取

东江流域数字流域信息提取方法同 5.1.1 小节。东江流域预处理后的 DEM 数据如图 6-1 所示，栅格空间分辨率为 1 km，流域栅格流向及栅格集水面积分别如图 6-2 和图 6-3 所示。由于东江流域集水面积较小且只获取到博罗站的实测径流数据，故未对东江流域进行子流域划分。博罗站以上流域集水面积约为 2.53 万 km^2。

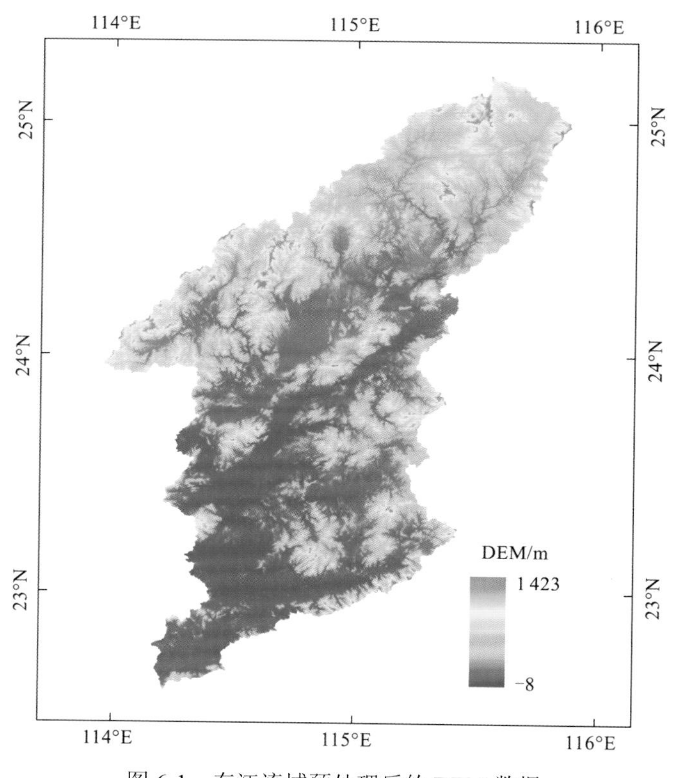

图 6-1　东江流域预处理后的 DEM 数据

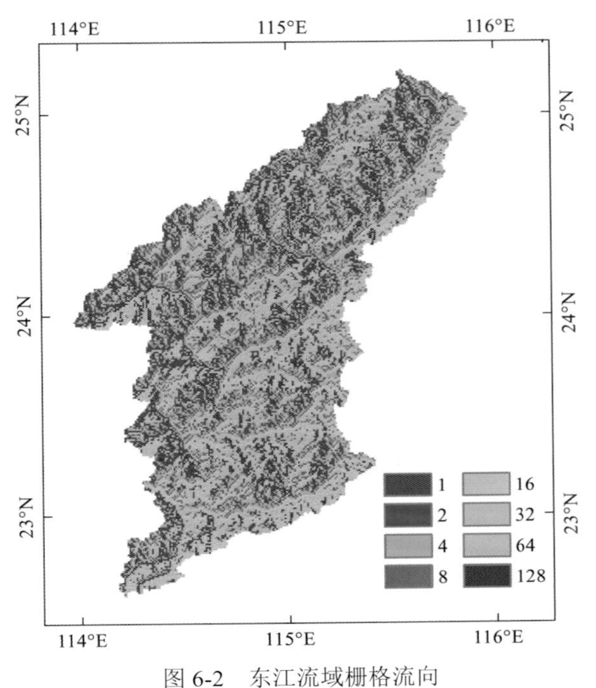

图 6-2　东江流域栅格流向

数字代表栅格流向，1 为东，2 为东北，4 为北，8 为西北，16 为西，32 为西南，64 为南，128 为东南

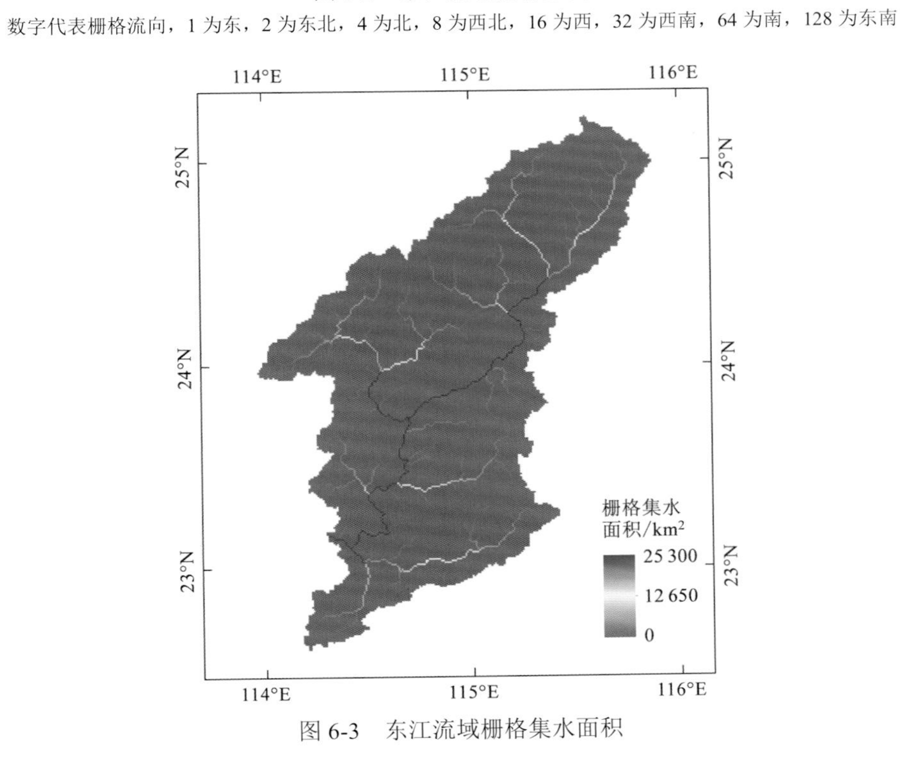

图 6-3　东江流域栅格集水面积

6.1.2　东江流域水文气象资料预处理

模型输入数据（降雨、潜在蒸散发）预处理方法同 5.1.2 小节，采用 Penman-Monteith 方法计算潜在蒸散发 PET，采用反距离加权插值法对降雨和潜在蒸散发数据进行空间插值，插值后的数据栅格空间分辨率和栅格 DEM 空间分辨率相同，均为 1 km。

6.1.3　东江流域 DDRM 参数率定结果

运用 SCE-UA 对东江流域的 DDRM 参数进行率定，率定结果如表 6-1 所示。

表 6-1　东江流域 DDRM 参数表

$S0$/mm	SM/mm	TS/h	TP/h	a	b	n	c_0	c_1	hc_0	hc_1
389	142	389	54	0.01	0.45	0.56	0.97	0.01	0.68	0.16

6.2　东江流域 DDRM 径流模拟精度评定

博罗站日径流模拟精度评定结果如表 6-2 所示。实测与模拟日径流过程对比如图 6-4～图 6-9 所示。率定期 DDRM 模拟的 NSE 值为 0.80，径流总量 RE 值为−2.83%，洪峰流量误差绝对值在 0.91%～52.20%。验证期 DDRM 模拟的 NSE 值为 0.83，径流总量 RE 值为−3.46%，洪峰流量误差绝对值在 3.80%～38.62%。

表 6-2　博罗站日径流模拟精度评定表

时期	洪号	洪峰流量			NSE	径流总量 RE/%
		实测/（m^3/s）	模拟/（m^3/s）	误差/%		
率定期	19800424	4 560	2 355	−48.36	0.80	−2.83
	19810603	3 400	2 951	−13.21		
	19820603	4 430	2 902	−34.49		
	19830620	6 520	5 848	−10.31		
	19840520	4 330	3 736	−13.72		
	19850627	4 650	3 030	−34.84		

续表

时期	洪号	洪峰流量			NSE	径流总量 RE/%
		实测/（m^3/s）	模拟/（m^3/s）	误差/%		
率定期	19860714	5 800	3 887	−32.98	0.80	−2.83
	19870523	6 470	4 640	−28.28		
	19880721	3 720	1 778	−52.20		
	19890523	4 680	4 372	−6.58		
	19900427	2 090	1 677	−19.76		
	19910908	3 320	2 257	−32.02		
	19920609	3 190	3 219	0.91		
	19930611	3 480	3 929	12.90		
	19930928	3 930	3 256	−17.15		
	19940808	3 060	2 676	−12.55		
	19950814	6 280	5 785	−7.88		
验证期	19960626	3 440	2 367	−31.19	0.83	−3.46
	19970616	2 900	3 074	6.00		
	19980428	2 730	2 335	−14.47		
	19980625	3 700	3 359	−9.22		
	19990825	4 650	2 854	−38.62		
	20000430	3 080	2 849	−7.50		
	20000620	2 020	2 402	18.91		
	20010423	2 860	2 188	−23.50		
	20020810	1 840	1 770	−3.80		
	20030616	2 990	2 568	−14.11		
	20040911	1 280	1 409	10.08		
	20050623	7 760	6 712	−13.51		

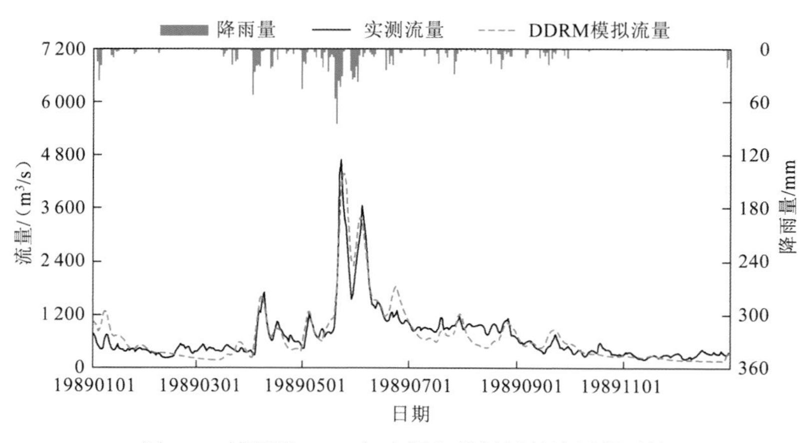

图 6-4　博罗站 1989 年实测与模拟日径流过程对比

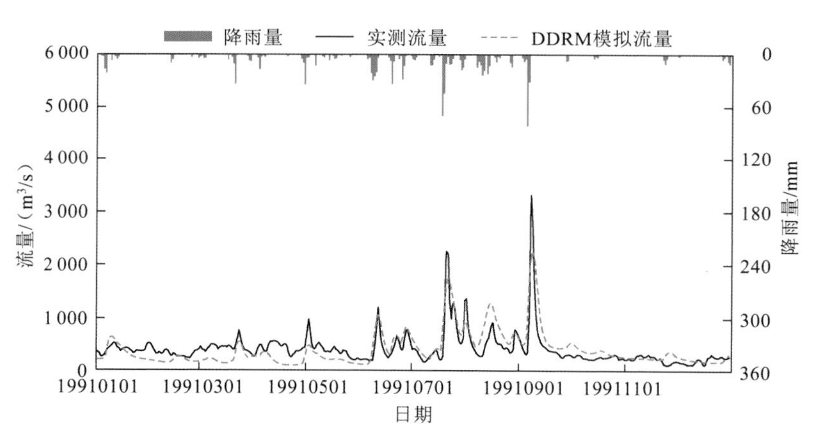

图 6-5　博罗站 1991 年实测与模拟日径流过程对比

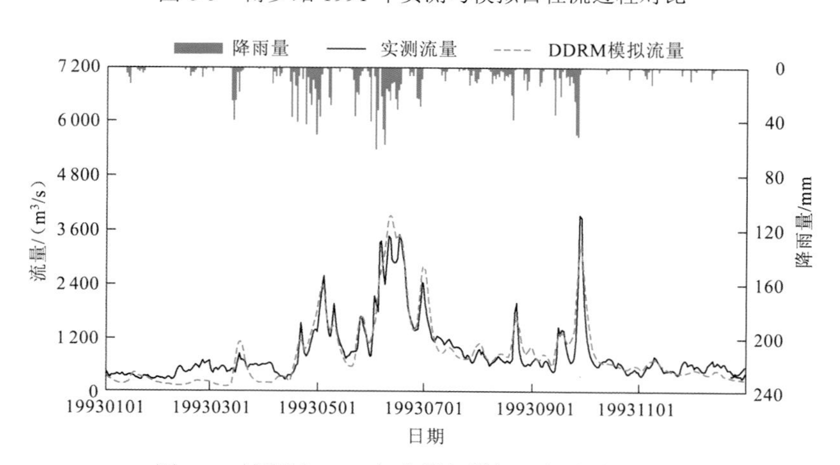

图 6-6　博罗站 1993 年实测与模拟日径流过程对比

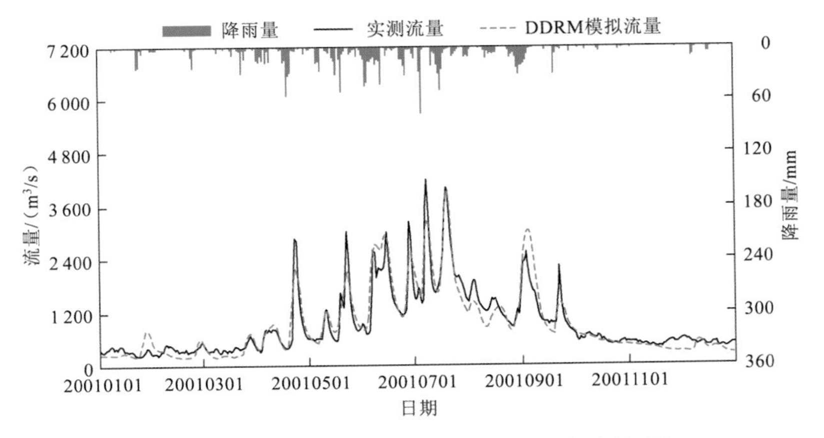

图 6-7　博罗站 2001 年实测与模拟日径流过程对比

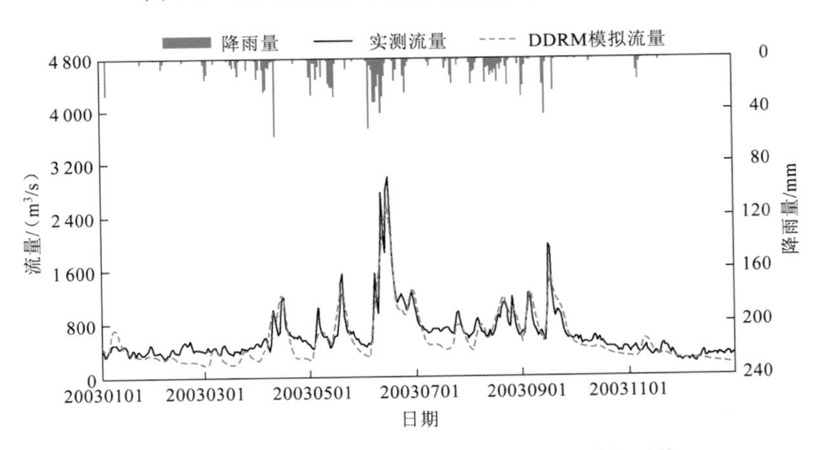

图 6-8　博罗站 2003 年实测与模拟日径流过程对比

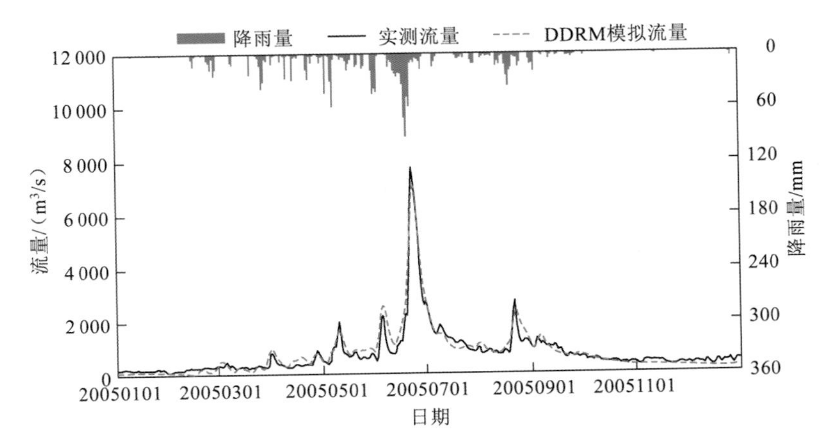

图 6-9　博罗站 2005 年实测与模拟日径流过程对比

6.3 东江流域栅格土壤含水量与径流量空间分布模拟结果

图 6-10 和图 6-11 分别给出了一场洪水过程中东江流域不同时刻栅格日土壤含水量 θ 和栅格日径流量 Q 的空间分布情况。由于东江流域集水面积小，汇流时间短，相较于西江流域，其降雨量的空间变异较小，栅格日土壤含水量和日径流量的空间分布特征在上、下游表现出一致性。在洪峰时刻（20050623），东江流域仍存在较强降雨，快速产汇流导致流域栅格的土壤含水量和径流量普遍比涨水时刻（20050620）大。在退水时刻（20050704），东江流域的栅格土壤含水量和径流量均大幅降低。

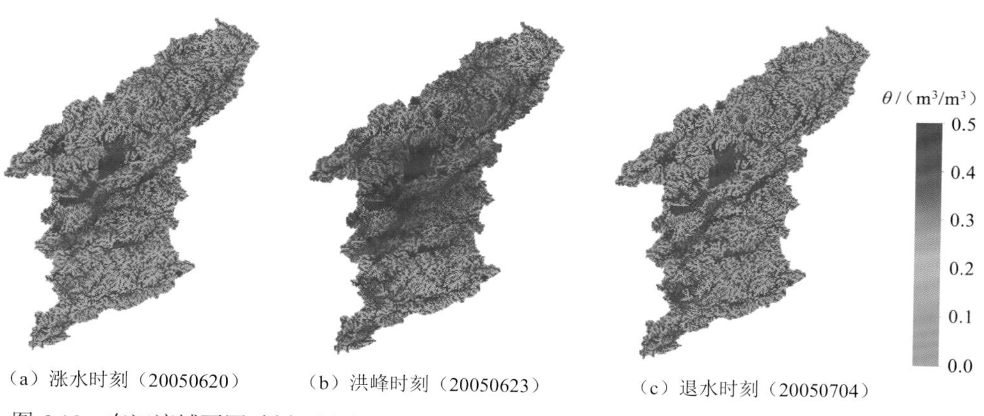

图 6-10　东江流域不同时刻（涨水时刻、洪峰时刻及退水时刻）栅格日土壤含水量的空间分布

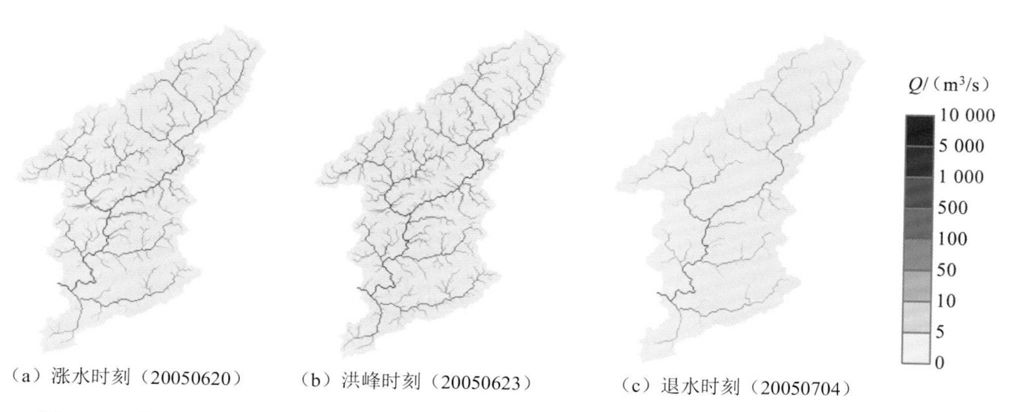

图 6-11　东江流域不同时刻（涨水时刻、洪峰时刻及退水时刻）栅格日径流量的空间分布

第7章

北江流域分布式降雨径流模拟

7.1 北江流域洪水特征

北江流域的洪水主要由暴雨形成，雨量分布大致自南向北递减，洪水的发生时间和地区分布与暴雨一致，最大洪水主要出现在 5～7 月。由于流域坡降较陡，河流水系又呈扇形分布，洪水汇流迅速，猛涨暴落，具有山区河流的特点。以飞来峡水库坝址以上北江流域为研究对象，其洪水特点如下（表 7-1）。

表 7-1　飞来峡水库坝址设计洪水成果表

重现期/年	洪峰流量/（m^3/s）	3 d 洪量/亿 m^3	7 d 洪量/亿 m^3	15 d 洪量/亿 m^3
10 000	28 700	68.6	126.0	206
5 000	27 400	65.1	120.0	195
1 000	24 100	56.8	105.0	170
500	22 700	53.2	98.0	159
300	21 600	50.5	92.8	151
200	20 700	48.5	88.6	145
100	19 200	44.7	81.9	134
50	17 700	40.8	74.4	122
20	15 500	35.4	64.3	106

注：摘自《广东省飞来峡水利枢纽水库调度手册》（2004）

（1）洪量集中。一般洪水过程持续时间为 3～5 d，其中一日洪量平均约占总量的 40%。

（2）涨退水分析困难。流域前期土壤含水量、暴雨位置和降雨量及未来降雨对洪水的影响明显，从而使每场洪水的预报误差较大。在洪水起涨过程中，由于对未来降雨量估计不足，涨水段变为退水段，给飞来峡水库的及时预泄造成困难。

（3）飞来峡水库入库流量突变性大。高道站、白石窑水库坝下站和长湖水库是飞来峡水库的入库控制站，而后两者均为水库，发生一般洪水时，飞来峡水库入库流量由于受上游相关水库调度的影响而突变严重。

（4）洪水演进时间在飞来峡水库建库前后变化明显。一般洪水从入库控制站演进至飞来峡水库坝址的时间，由建库前天然河道时的 13～16 h 变成 3～9 h，暴雨预见期短，准确预报难。

7.2　飞来峡水库调度规则

飞来峡水库调度过程复杂，水库调度过程包括防洪调度、发电调度、航运调度等。

1．防洪调度

当飞来峡水库遭遇小于 20 年一遇洪水（15 500 m^3/s）时，由广东省飞来峡水利枢纽管理处按调度规则执行调度，遭遇 20 年一遇洪水及以上洪水时，由广东省防汛防旱防风总指挥部办公室按设计的防洪调度规则、防洪预案执行，或按防汛抢险专家会商方案指挥调度，由广东省飞来峡水利枢纽管理处执行。

飞来峡水库防洪调度方式分为“经验控泄”和“理想凑泄”。“经验控泄”防洪运行调度规则包括洪水涨水段调洪运行调度规则（表 7-2）和洪水退水段调洪运行调度规则（表 7-3）（许扬生，2006）。

表 7-2　飞来峡水库洪水涨水段调洪运行调度规则

序号	坝址洪峰			坝址下泄流量（$Q_{泄}$）/(m^3/s)	水库水位（$Z_{库}$）控制要求/m	闸门运行工况
	频率（P）/%		坝址流量（$Q_{坝}$）/（m^3/s）			
1	—		4 100～6 800	4 100～6 800	18.0	控制闸门开孔数及开度直至 15 孔全开(12 m)
2	5		6 800～15 500	6 800～14 400	18.0～22.5	15 孔闸门全开（12 m）
3	—		—	15 000	22.78	15 孔闸门全开（12 m）
4	2		17 700	15 000	25.17	控制 15 孔闸门开度
5	1		19 200	15 000	28.65	控制 15 孔闸门开度
6	近期	0.5	20 700	15 000	30.81	控制 16 孔闸门开度
7		>0.5	>20 700	$Q_{泄}=Q_{坝}$	30.81	控制 16 孔闸门开度
8	远期	0.33	21 600	16 000	31.17	控制 16 孔闸门开度
9		>0.33	>21 600	$Q_{泄}=Q_{坝}$	31.17	控制 16 孔闸门开度

注：摘自《广东省飞来峡水利枢纽水库调度手册》(2004)

表 7-3　飞来峡水库洪水退水段调洪运行调度规则

序号	水库下降起始水位/m		控制水位/m	坝址下泄流量（$Q_{泄}$）/（m^3/s）	闸门运行工况
1	近期	30.81	28.65	15 000	控制 16 孔闸门开度
2		28.65	18.0	15 000～6 800	控制 15 孔闸门开度至全开
3		—	维持 18.0	6 800～4 100	控制闸门开度和孔数
4	远期	31.17	28.65	16 000	控制 16 孔闸门开度
5		28.65	22.78	15 000	控制 15 孔闸门开度至全开
6		22.78	18.0	15 000～6 800	15 孔闸门全开
7		—	维持 18.0	6 800～4 100	控制闸门开度和孔数

注：摘自《广东省飞来峡水利枢纽水库调度手册》（2004）

“理想凑泄”调度规则为：在预报坝址至北江大堤石角站区间洪水和坝址洪水有较高精度、预报比较成熟的情况下，根据预报区间洪水由广东省水利厅北江防洪调度中心指令来调整坝址下游下泄流量，即对“经验控泄”所定的 $Q_{泄}$=15 000 m^3/s（或 $Q_{泄}$=16 000 m^3/s）进行增加或者减少，以凑泄石角站的安全泄量——50 年一遇标准 17 600 m^3/s 或者 100 年一遇标准 19 900 m^3/s，以及 100 年一遇洪水位 15.36 m。

2．发电调度

飞来峡水库发电运行调度规则包括发电运行预泄调度规则（表 7-4）和发电运行回蓄调度规则（表 7-5）。飞来峡水库发电调度控制因素主要有以下 4 点（王勇兴，2011）。

表 7-4　飞来峡水库发电运行预泄调度规则

序号	$Q_{坝}$（$Q_{预}$）/（m^3/s）	$Q_{泄}$ /（m^3/s）	$Z_{库}$ /m	达到 $Z_{库}$ 后的要求
1	$Q_{坝}$、$Q_{预}$ ≤1 700	$Q_{坝}$	24	
2	1 700≤ $Q_{坝}$、$Q_{预}$ ≤2 500	3 000	23	维持 $Z_{库}$=23 m
3	2 500≤ $Q_{坝}$、$Q_{预}$ ≤3 000	3 500	22	维持 $Z_{库}$=22 m
4	3 000≤ $Q_{坝}$、$Q_{预}$ ≤3 500	4 000	21	维持 $Z_{库}$=21 m
5	3 500≤ $Q_{坝}$、$Q_{预}$ ≤4 000	4 500	20	维持 $Z_{库}$=20 m
6	4 000≤ $Q_{坝}$、$Q_{预}$ ≤5 000	5 000	18	维持 $Z_{库}$=18 m
7	5 000≤ $Q_{坝}$、$Q_{预}$ ≤6 800	$Q_{坝}$	18	维持 $Z_{库}$=18 m
8	$Q_{坝}$ >6 800	进入防洪调度		按水库泄流曲线

注：摘自《广东省飞来峡水利枢纽水库调度手册》（2004）。$Q_{预}$为提前 24 h 预报的坝址流量（m^3/s）；$Q_{泄}$为当前时段的坝址下泄流量（m^3/s）；$Q_{坝}$为当前时段的坝址流量（m^3/s），可通过闸门开度和上、下游水位及库容的变化观测推求；$Z_{库}$为水库水位（m）

表 7-5　飞来峡水库发电运行回蓄调度规则

	水库起始水位/m	$Q_{坝}(Q'_{预})$ / (m³/s)	$Z_{库}$ /m	$Q_{泄}$ / (m³/s)	达到 $Z_{库}$ 后的要求
1	18～20	$Q_{坝}$、$Q'_{预}$ ≤4 000	20	1 800	维持 $Z_{库}$ =20 m
2	20～21	1 700≤ $Q_{坝}$、$Q'_{预}$ ≤3 500	21	1 450	维持 $Z_{库}$ =21 m
3	21～22	1 700≤ $Q_{坝}$、$Q'_{预}$ ≤3 000	22	1 400	维持 $Z_{库}$ =22 m
4	22～23	1 700≤ $Q_{坝}$、$Q'_{预}$ ≤2 500	23	860	维持 $Z_{库}$ =23 m
5	23～24	$Q_{坝}$、$Q'_{预}$ ≤1 700	24	860	维持 $Z_{库}$ =24 m

注：摘自《广东省飞来峡水利枢纽水库调度手册》(2004)。在水位回蓄过程中，出现不满足相应的预报坝址流量判别条件时，维持当时所处的水位不变，直至在条件满足后再继续回蓄。不管起始水位如何，以 $Q_{预}$ 决定回蓄水位 $Z_{库}$ 。$Q'_{预}$ 为提前 12 h 预报的坝址流量（m^3/s），其余符号同前

（1）上游控制条件：电站正常蓄水位为 24 m，发电回水以不影响英德为原则，为控制英德发电回水位不超过 24.5 m，水库需进行预报预泄发电调度。

（2）下游控制条件：为保证清远和下游中小堤围的安全，发电调度的最大预泄流量控制不超过 5 000 m^3/s，以控制清远不超过防汛警戒水位 12 m，当坝址流量为 5 000～6 800 m^3/s，水库水位又未降至 18 m 时，由于下游清远已超过防汛警戒水位，水库可按 6 800 m^3/s 下泄，直至水位达到 18 m。

（3）电站控制条件：在满足英德发电回水位不高于 24.5 m 的条件下，尽可能维持较高库水位运行，以获得最大发电效益。当水库预泄水位至 18 m 时，控制库水位 18 m 不再下降，以保证水库根据预报来水可以及时回蓄，及早恢复到正常蓄水位运行。

（4）发电调度服从防洪调度及水资源调度。

3．航运调度

飞来峡水库船闸设计等级为 500 t 级，设计年单向通过能力为 475 万 t/a，闸室有效尺寸为 190 m×16 m（薛丽金，1994）。从船闸通航以来，共组织了 30 多次船运应急调度，其中 2018 年有 3 次。飞来峡水库航运控制条件主要有以下 4 点（龙三文，2013）。

（1）枢纽设计保证通航出库流量为 190 m^3/s，保证率为 90%，正常情况下下游通航能力不受出库流量的限制。

（2）当进行防洪调度时，水库水位降至 18 m，出库流量大于 8 000 m^3/s 且呈上涨趋势时，船闸停止通航。

（3）当水库回蓄调度时，坝址流量小于 8 000 m^3/s 且呈下降趋势时，船闸恢复通航。

（4）电站调峰运行和电站预泄回蓄时，要求下游航道的水位时升幅控制在 1.5 m 左右，时降幅控制在 1.0 m 以下。

7.3　北江流域 DDRM 构建

7.3.1　北江流域数字流域信息提取

北江流域数字流域信息提取方法同 5.1.1 小节。北江流域预处理后的 DEM 数据如图 7-1 所示，栅格分辨率为 1 km，流域栅格流向及栅格集水面积分别如图 7-2 和图 7-3 所示。本节构建的北江流域 DDRM 以飞来峡水库坝址为控制站点，坝址控制集水面积约 3.41 万 km^2。

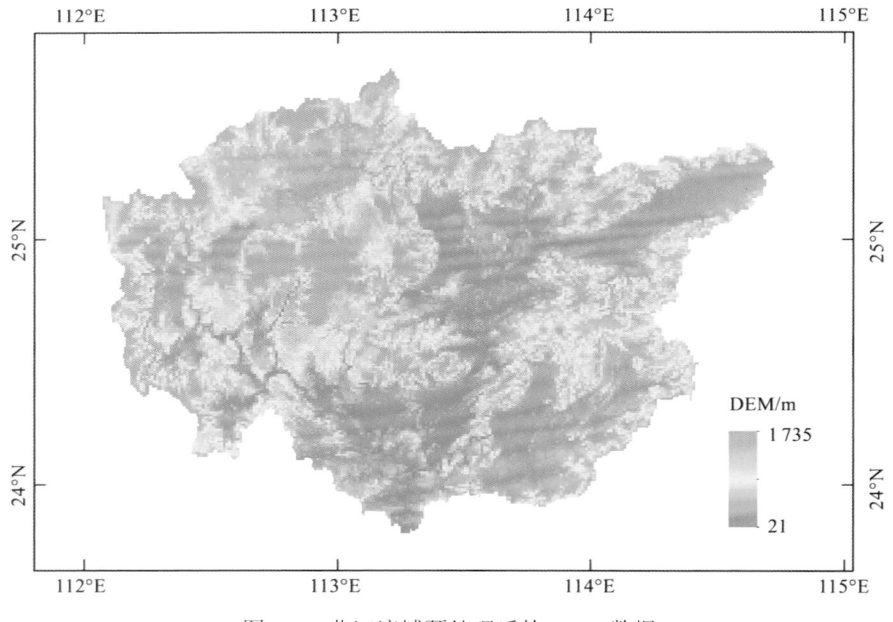

图 7-1　北江流域预处理后的 DEM 数据

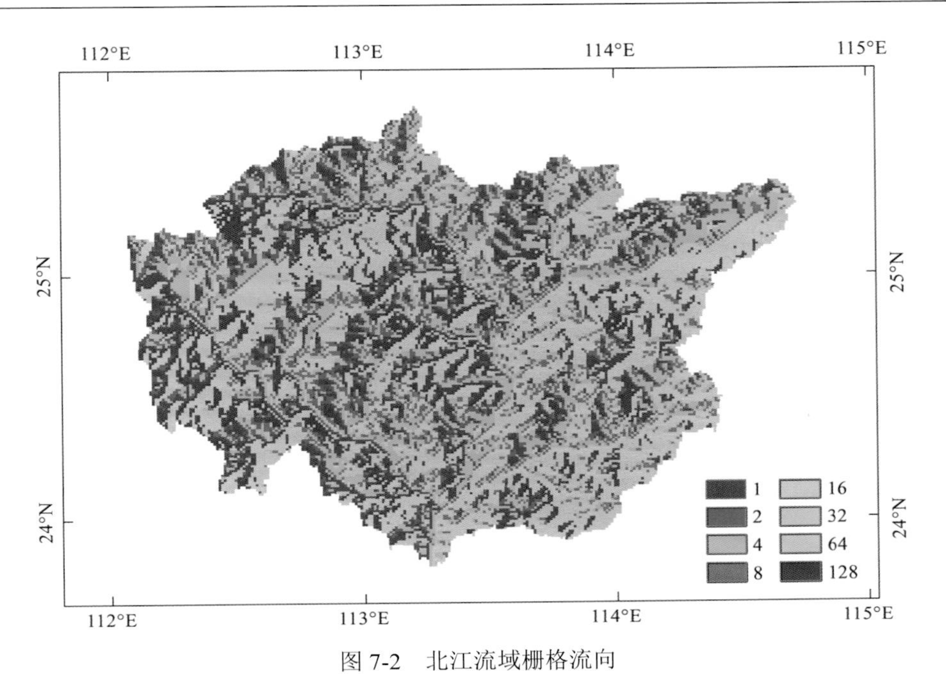

图 7-2　北江流域栅格流向

数字代表栅格流向，1 为东，2 为东北，4 为北，8 为西北，16 为西，32 为西南，64 为南，128 为东南

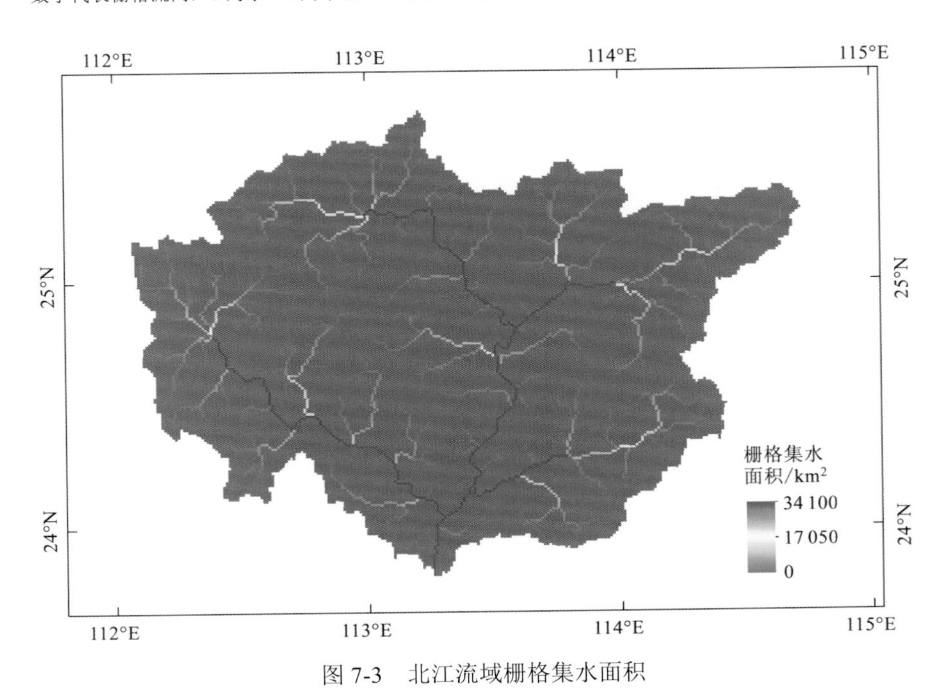

图 7-3　北江流域栅格集水面积

基于上述研究成果，综合考虑站点水文资料系列数据质量（可靠性、一致性等），将飞来峡水库坝址以上的北江流域划分为 8 个子流域，其基本信息如表 7-6 所示。

表 7-6 北江流域子流域划分基本情况

序号	子流域	控制站	面积/万 km^2
1	武江流域	犁市站	0.70
2	浈江流域	长坝站	0.68
3	连江韶关站—英德站	英德站	0.35
4	连江阳山子流域	阳山站	0.43
5	连江阳山站—高道站	高道站	0.47
6	滃江红桥子流域	红桥站	0.36
7	滃江红桥站—长湖站	长湖站	0.12
8	飞来峡水库库区	飞来峡站	0.30
合计			3.41

7.3.2 北江流域水文气象资料预处理

1. 降雨和潜在蒸散发

1）降雨

根据飞来峡水库坝址以上北江流域雨量站分布位置及子流域划分情况，本节利用 ArcGIS 采用泰森多边形法进行北江流域的降雨空间插值，北江流域的降雨资料时间步长被插补为 1 h，如图 7-4 所示。

2）潜在蒸散发

北江流域缺乏潜在蒸散发资料与降雨资料配套，使流域水文过程中的水量平衡方程难以利用，这会影响模型的参数率定和模拟结果。为了考虑潜在蒸散发对产流量的影响，本节采用正弦曲线来估算北江流域的时段潜在蒸散发能力（正弦曲线方法介绍详见 5.1.2 小节），同时进一步考虑了白天和夜晚潜在蒸散发的不同，采用正弦曲线将每日潜在蒸散发能力值在小时时段上进行重新分配，并假定降雨期间潜在蒸散发与降雨量成反比，从而得到小时时段所需的潜在蒸散发能力，然后同样采用泰森多边形法对其进行空间插值。

2. 场次洪水资料

北江流域现有历史资料为1990～2007年的场次洪水摘录资料，将其插补为1 h

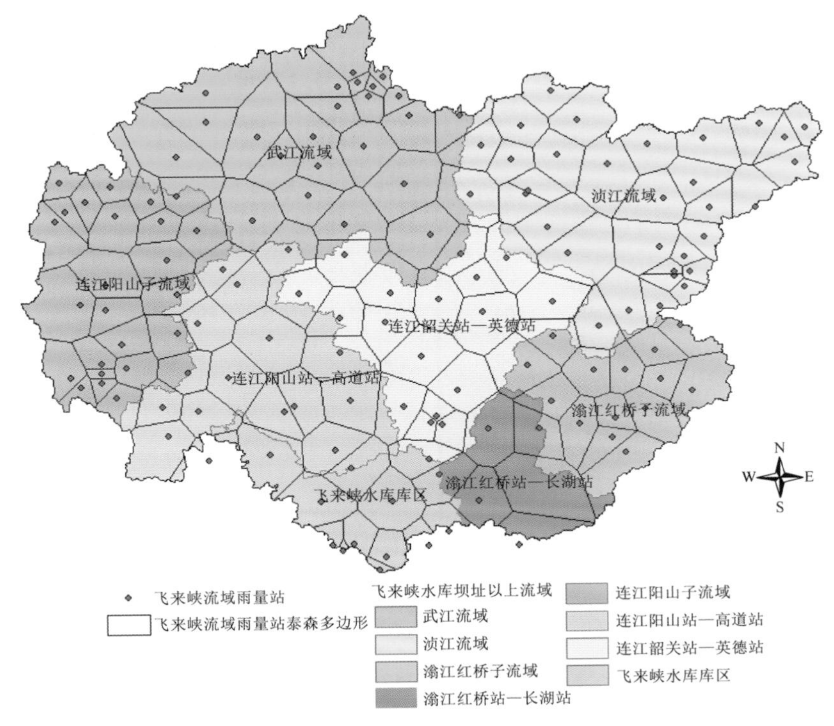

图 7-4　北江流域的降雨空间插值泰森多边形

时段步长的降雨径流资料。经统计 1990～2007 年流域共发生 40 多场洪水，其中洪峰流量大于 7 000 m^3/s 的洪水有 22 场，大于 10 000 m^3/s 的洪水有 10 场。所用资料如表 7-7 所示。

表 7-7　飞来峡水库场次洪水过程资料基本情况统计

建库前洪号	洪峰流量/（m^3/s）	数据长度/h	建库后洪号	洪峰流量/（m^3/s）	数据长度/h
19900404	5 060	275	20010321	5 100	115
19900412	7 160	144	20010422	10 000	247
19920329	9 950	369	20010510	7 700	208
19920503	5 910	320	20010614	8 400	375
19920707	7 160	271	20010708	9 500	222
19930421	5 300	189	20010902	9 300	264
19930504	11 050	520	20020703	6 500	180
19930611	10 480	678	20020720	6 500	174

续表

建库前洪号	洪峰流量/（m^3/s）	数据长度/h	建库后洪号	洪峰流量/（m^3/s）	数据长度/h
19940619	17 870	355	20020810	12 500	263
19940725	8 350	294	20021031	9 200	179
19940819	5 910	526	20030516	6 400	182
19950619	10 300	243	20030612	5 700	182
19950629	6 180	404	20040517	5 300	194
19960401	7 900	160	20050512	4 900	160
19960421	9 470	168	20050521	6 700	181
19970405	4 940	418	20050605	5 000	148
19970419	6 040	132	20050623	12 500	316
19970705	16 170	355	20060718	17 400	463
19980503	5 780	162	20060806	5 500	159
19980625	10 861	379	20070610	8 300	328
总计	20 场		总计	20 场	
大于 10 000	6 场		大于 10 000	4 场	
大于 7 000	12 场		大于 7 000	10 场	
大于 5 000	19 场		大于 5 000	19 场	

虽然 DDRM 将北江流域划分为多个子流域进行计算，但是只有飞来峡水库的入库流量比较准确，其他流域控制站点的流量资料缺乏或因不够准确而难以利用，因此，DDRM 的参数率定采用飞来峡水库入库（坝址）流量作为唯一约束，对整个流域进行洪水模拟来率定各个流域的产汇流参数。

7.3.3　北江流域 DDRM 参数率定结果

运用 SCE-UA 对北江流域的 DDRM 参数进行率定，率定结果如表 7-8 所示。

表 7-8　北江流域 DDRM 参数表（$\Delta t = 1\text{h}$）

$S0$/mm	SM/mm	TS/h	TP/h	a	b	n	c_0	c_1	hc_0	hc_1
34	238	340	3.314	0.286	0.251	0.341	0.721	0.219	0.086	0.01

7.4 北江流域 DDRM 径流模拟精度评定

表 7-9 列出了率定期 DDRM 模拟的建库前 20 场洪水过程的各项统计指标。表 7-10 列出了检验期 DDRM 模拟的建库后 20 场洪水过程的各项统计指标，包括实测洪峰流量、预报洪峰流量、洪峰相对误差、峰现时差、Nash 效率系数和径流总量相对误差。

表 7-9　北江流域飞来峡水库建成前 20 场洪水过程的各项指标统计结果（$\Delta t = 1\,\mathrm{h}$）

建库前洪号	实测洪峰流量/（m^3/s）	预报洪峰流量/（m^3/s）	洪峰 RE/%	峰现时差/h	NSE	径流总量 RE/%
19900404	5 060	6 006	18.70	10	0.68	17.61
19900412	7 160	6 352	−11.28	10	0.93	−1.21
19920329	9 950	8 448	−15.10	3	0.82	−12.80
19920503	5 910	6 949	17.58	10	0.70	7.19
19920707	7 160	7 961	11.19	3	0.84	8.33
19930421	5 300	5 944	12.15	10	负值	70.40
19930504	11 050	12 547	13.55	−1	0.88	−1.42
19930611	10 480	10 991	4.88	1	0.85	−9.90
19940619	17 870	18 602	4.10	−11	0.86	−15.76
19940725	8 350	7 824	−6.30	3	0.90	−6.69
19940819	5 910	6 372	7.82	−3	0.50	−9.27
19950619	10 300	8 777	−14.79	2	0.93	−16.98
19950629	6 180	6 518	5.47	6	0.75	−3.03
19960401	7 900	9 730	23.16	3	0.74	21.80
19960421	9 470	8 670	−8.45	2	0.91	−8.43
19970405	4 940	4 625	−6.38	12	0.79	8.72
19970419	6 040	6 004	−0.60	13	0.68	18.52
19970705	16 170	13 185	−18.46	14	0.51	−6.82
19980503	5 780	5 951	2.96	11	0.51	18.81
19980625	10 861	9 462	−12.88	−3	0.85	−13.32
平均	—	—	10.29	合格率 50%	0.77	13.85

表 7-10　北江流域飞来峡水库建成后 20 场洪水过程的各项指标统计结果（$\Delta t = 1\text{h}$）

建库后洪号	实测洪峰流量/（m^3/s）	预报洪峰流量/（m^3/s）	洪峰 RE/%	峰现时差/h	NSE	径流总量 RE/%
20010321	5 100	4 634	−9.14	12	0.56	29.77
20010422	10 000	9 721	−2.79	15	0.69	15.62
20010510	7 700	6 959	−9.62	5	0.88	−6.61
20010614	8 400	7 484	−10.90	−1	0.14	21.79
20010708	9 500	9 872	3.92	9	0.69	30.38
20010902	9 300	9 294	−0.06	10	0.71	25.28
20020703	6 500	7 484	15.14	1	负值	65.34
20020720	6 500	7 109	9.37	29	负值	46.05
20020810	12 500	9 276	−25.79	12	0.69	19.12
20021031	9 200	8 750	−4.89	−1	0.89	7.68
20030516	6 400	6 839	6.86	38	0.30	23.11
20030612	5 700	7 386	29.58	7	负值	37.91
20040517	5 300	5 875	10.85	14	负值	73.57
20050512	4 900	5 886	20.12	−48	负值	64.33
20050521	6 700	7 160	6.87	22	负值	36.02
20050605	5 000	5 248	4.96	17	负值	27.54
20050623	12 500	10 579	−15.37	15	0.41	21.94
20060718	17 400	17 499	0.57	−6	0.91	−0.80
20060806	5 500	5 517	0.31	6	0.40	16.00
20070610	8 300	8 677	4.54	15	0.41	21.94
平均	—	—	9.58	合格率 15%	0.59	29.54

以建库前的 20 场洪水为率定期，从表 7-9 统计得到：NSE 值在 0.9 及以上的有 4 场洪水，NSE 值在 0.8 以上的有 10 场洪水，NSE 值在 0.7 及以上的有 14 场洪水，其他 6 场洪水的模拟效果较差，其中有一场洪水的 NSE 值为负值，径流总量 RE 高达 70.40%。分析其原因，发现原始数据本身就不准确，误差较大，将其

剔除后计算得到整个率定期的 NSE 值为 0.77，根据水文情报预报规范，其模拟精度达到乙级标准。统计发现，模拟效果较好的场次洪水均属于大洪水，主要原因为：①分布式降雨径流模型在计算过程中产生的累积误差，在大洪水中所占的比重较小；②缺少流域实测小时时段潜在蒸散发资料，模型中采用的潜在蒸散发计算方法对中小洪水模拟的影响较大。

采用建库前 20 场洪水率定的模型参数，以建库后的 20 场洪水为检验期，发现对建库后的场次洪水的模拟效果较差，如表 7-10 所示。NSE 值在 0.9 以上的只有 1 场洪水，即 20060718 号场次洪水，其实测洪峰流量为 17 400 m^3/s，本身就属于特大洪水，因此，其计算过程中产生的误差相对很大的洪水量级而言，所占比例很小；NSE 值在 0.7 以上的有 4 场洪水，实测洪峰流量均在 7 000 m^3/s 以上，属于大洪水；模拟效果最差的 7 场洪水，实测洪峰流量均在 7 000 m^3/s 以下，属于中小洪水，且计算的径流总量 RE 都偏大。

其主要原因为：①建库后流域下垫面发生了显著变化，用建库前的洪水资料率定的模型参数并不适合于建库后的洪水模拟；②流域上陆续修建了众多的小水电站，这些小水电站对大洪水的影响很小，而对中小洪水的影响较大，因此，摘录的场次洪水资料已不满足天然情况下降雨径流关系，误差也较大；③计算过程中缺乏实测蒸散发资料，模型计算产生的误差较大，其累积效应更加明显。

下面分别绘出了北江流域 1990～1996 年、2001～2007 年时段步长为 1 h 的 25 场洪水的实测流量与 DDRM 模拟流量过程（图 7-5～图 7-29）。

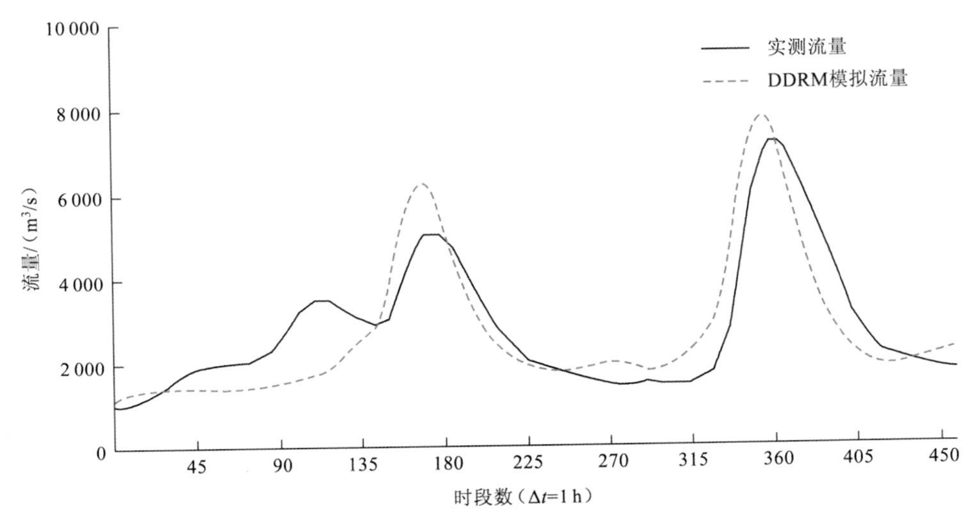

图 7-5　19900404 号场次洪水的实测流量与 DDRM 模拟流量过程

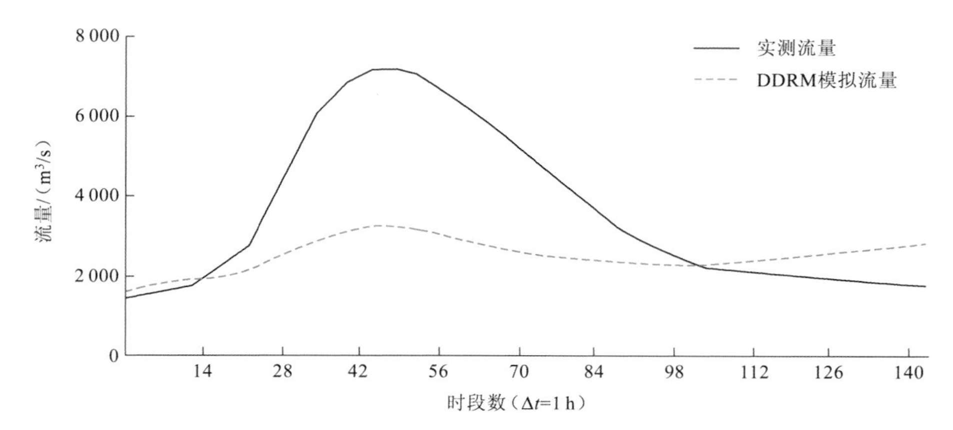

图 7-6　19900412 号场次洪水的实测流量与 DDRM 模拟流量过程

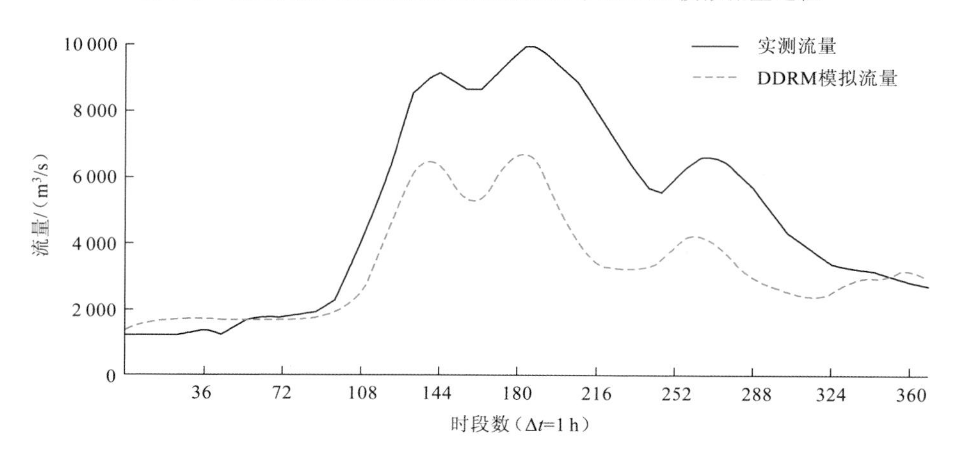

图 7-7　19920329 号场次洪水的实测流量与 DDRM 模拟流量过程

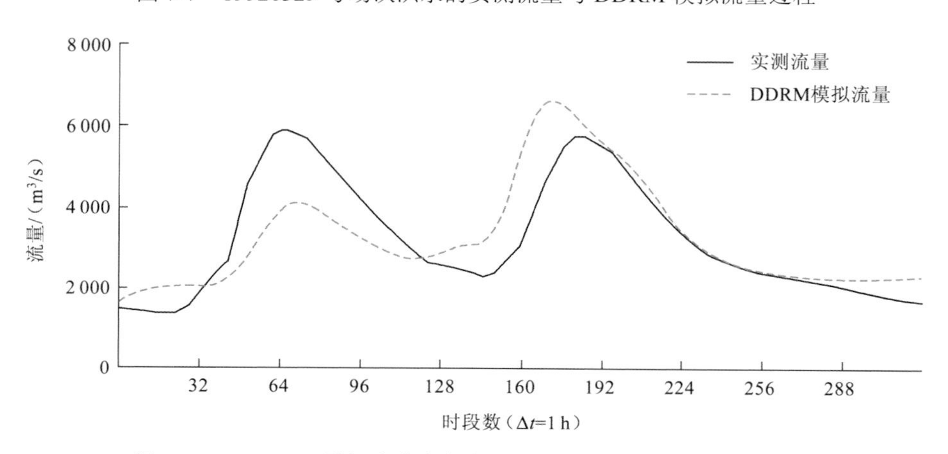

图 7-8　19920503 号场次洪水的实测流量与 DDRM 模拟流量过程

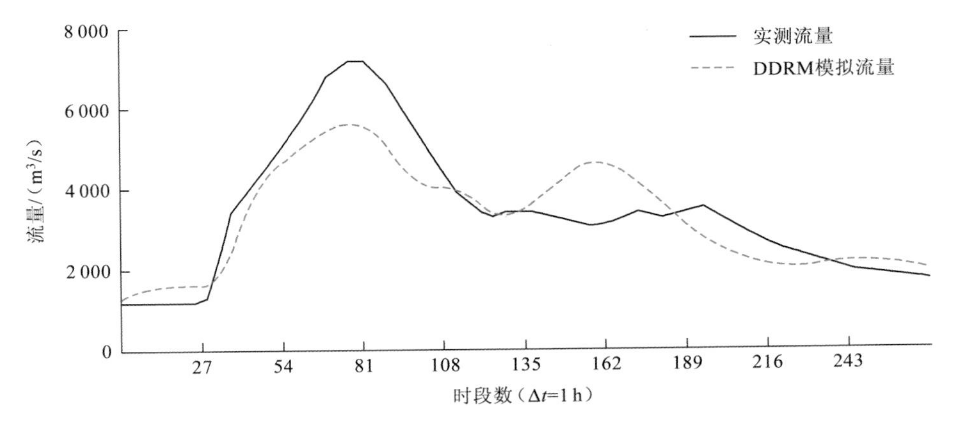

图 7-9　19920707 号场次洪水的实测流量与 DDRM 模拟流量过程

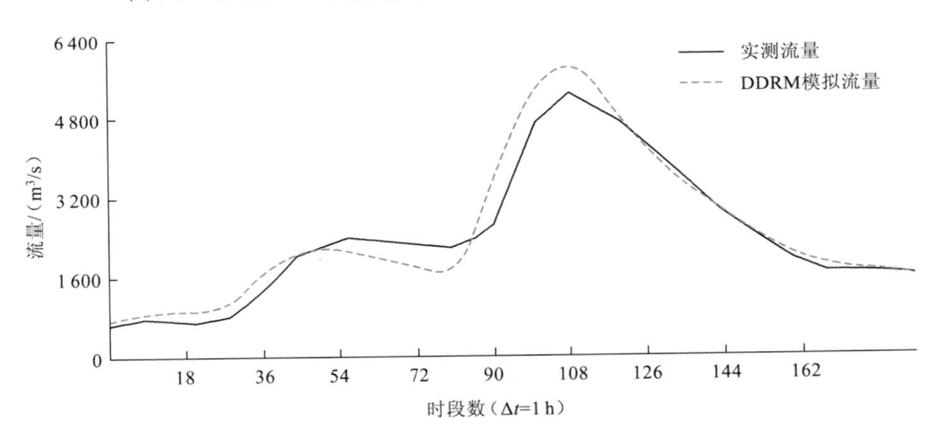

图 7-10　19930421 号场次洪水的实测流量与 DDRM 模拟流量过程

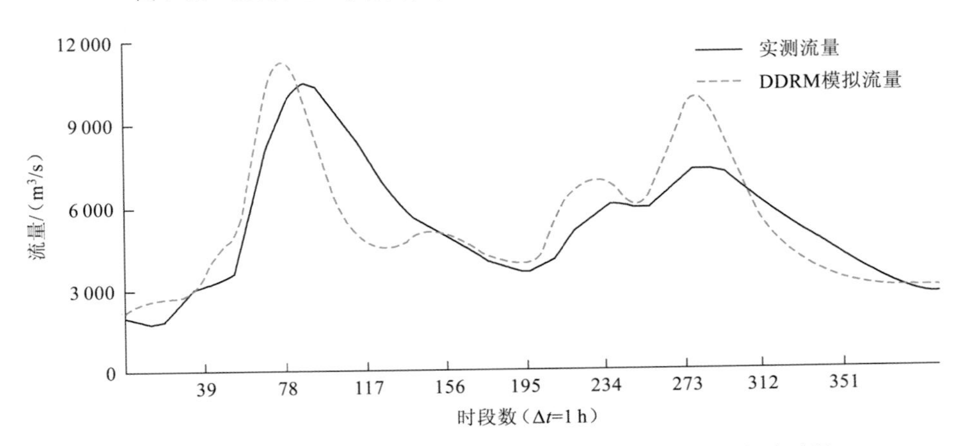

图 7-11　19930504 号场次洪水的实测流量与 DDRM 模拟流量过程

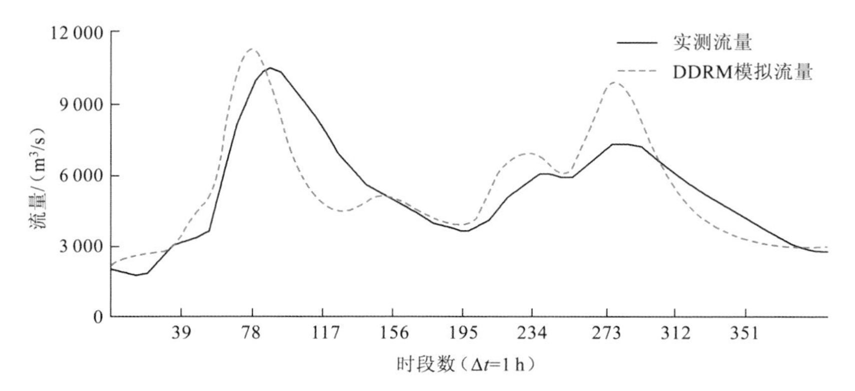

图 7-12　19930611 号场次洪水的实测流量与 DDRM 模拟流量过程

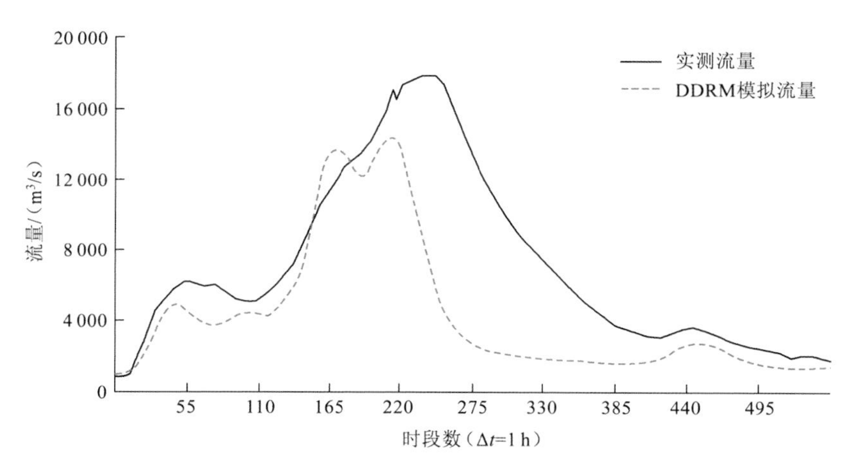

图 7-13　19940619 号场次洪水的实测流量与 DDRM 模拟流量过程

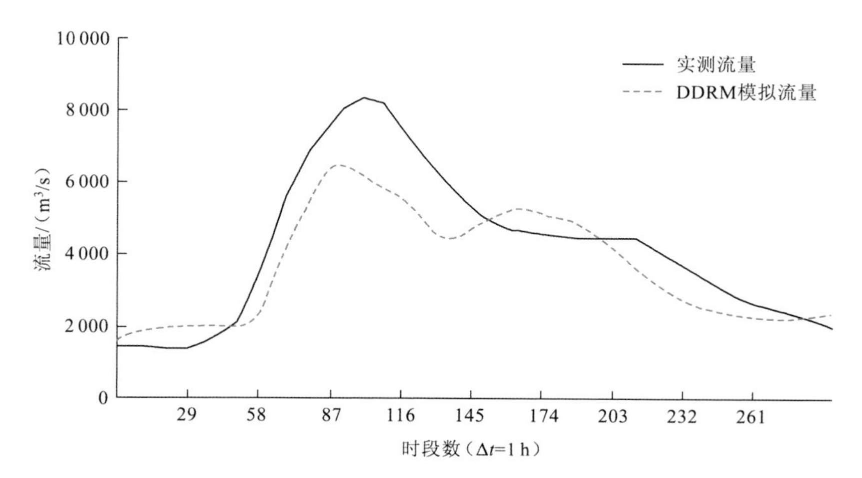

图 7-14　19940725 号场次洪水的实测流量与 DDRM 模拟流量过程

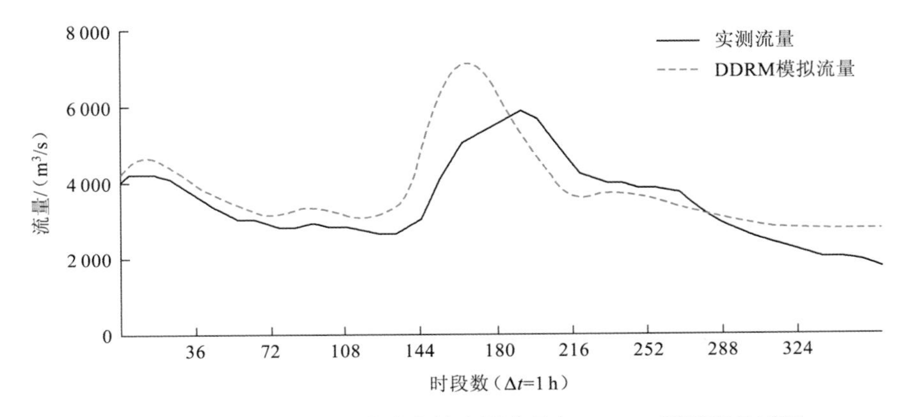

图 7-15　19940819 号场次洪水的实测流量与 DDRM 模拟流量过程

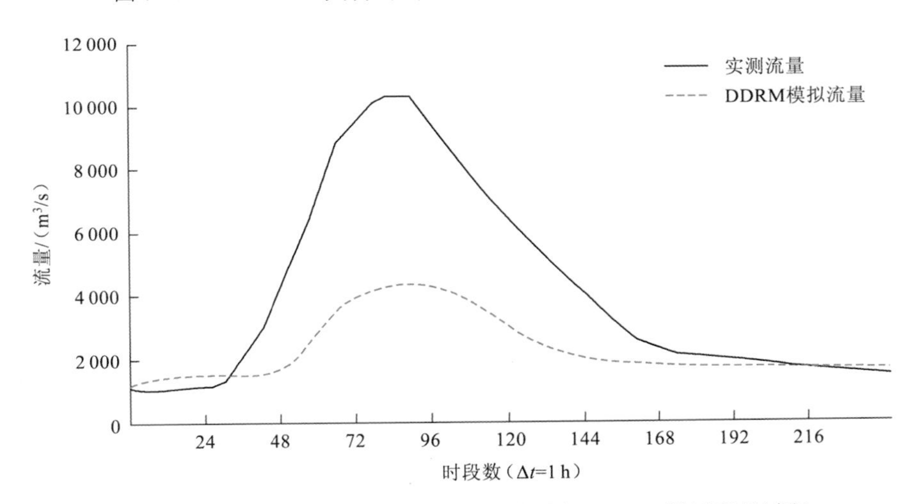

图 7-16　19950619 号场次洪水的实测流量与 DDRM 模拟流量过程

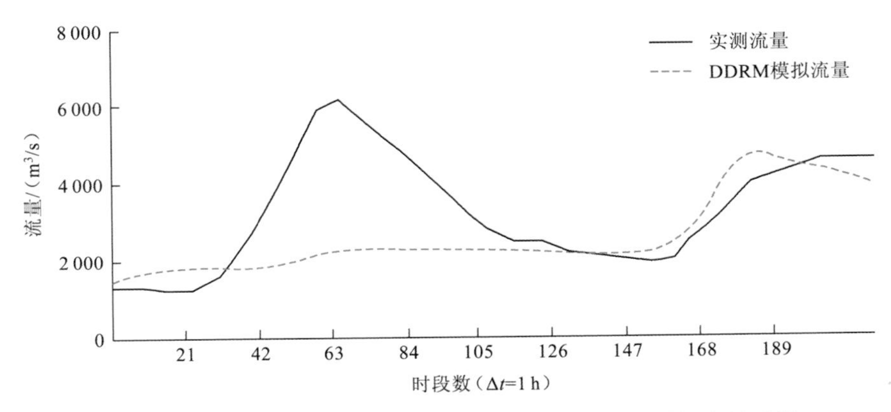

图 7-17　19950629 号场次洪水的实测流量与 DDRM 模拟流量过程

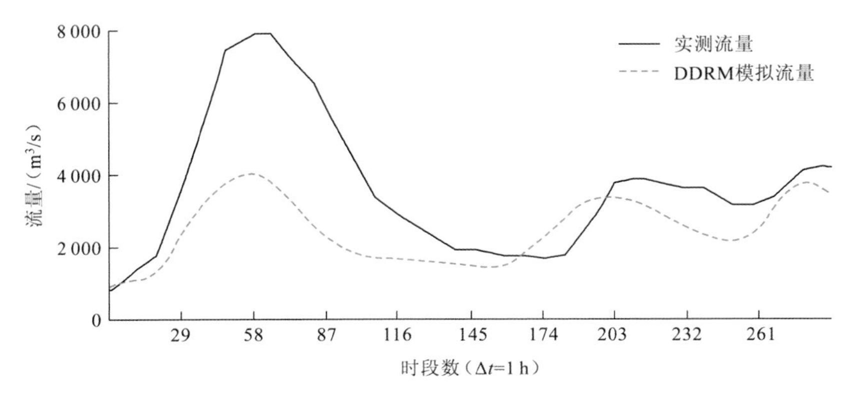

图 7-18　19960401 号场次洪水的实测流量与 DDRM 模拟流量过程

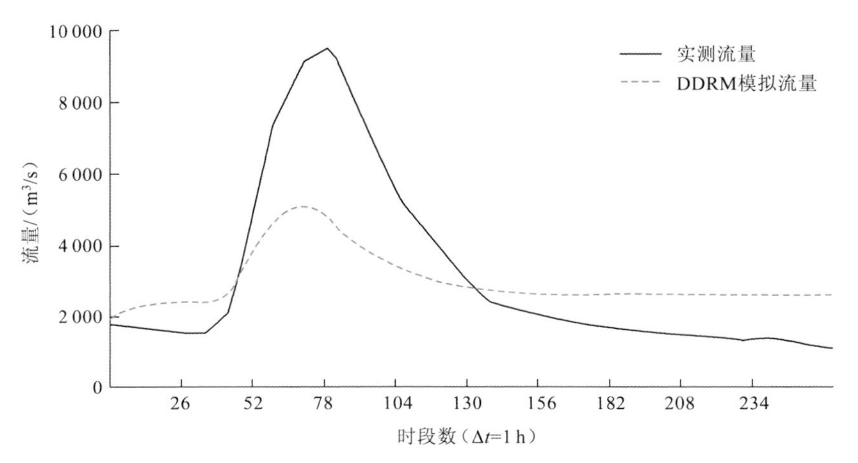

图 7-19　19960421 号场次洪水的实测流量与 DDRM 模拟流量过程

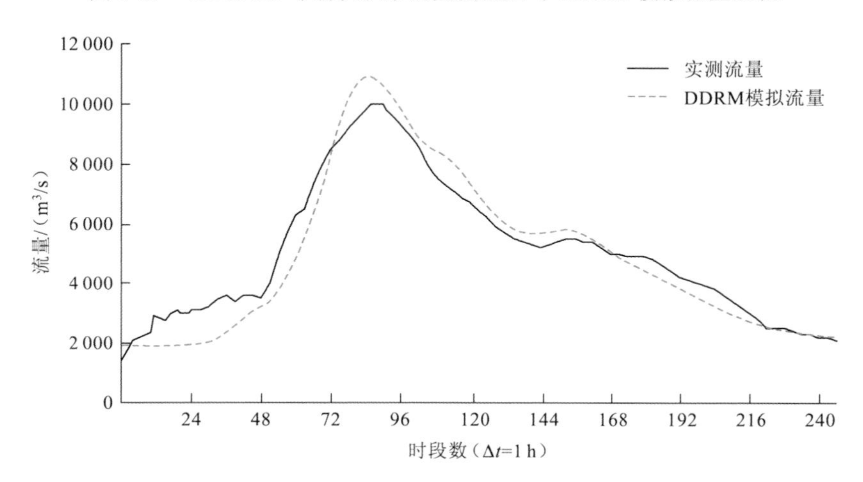

图 7-20　20010422 号场次洪水的实测流量与 DDRM 模拟流量过程

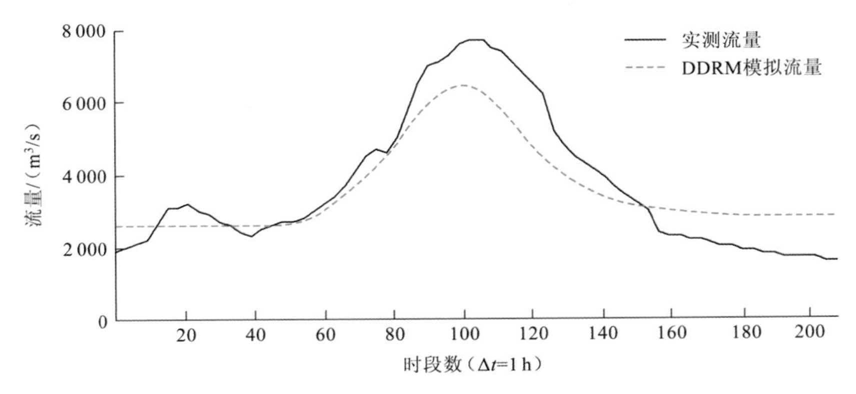

图 7-21　20010510 号场次洪水的实测流量与 DDRM 模拟流量过程

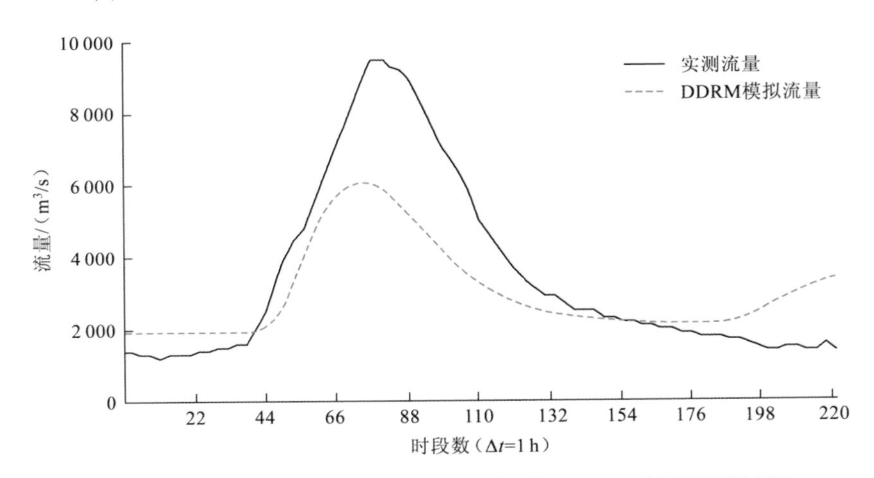

图 7-22　20010708 号场次洪水的实测流量与 DDRM 模拟流量过程

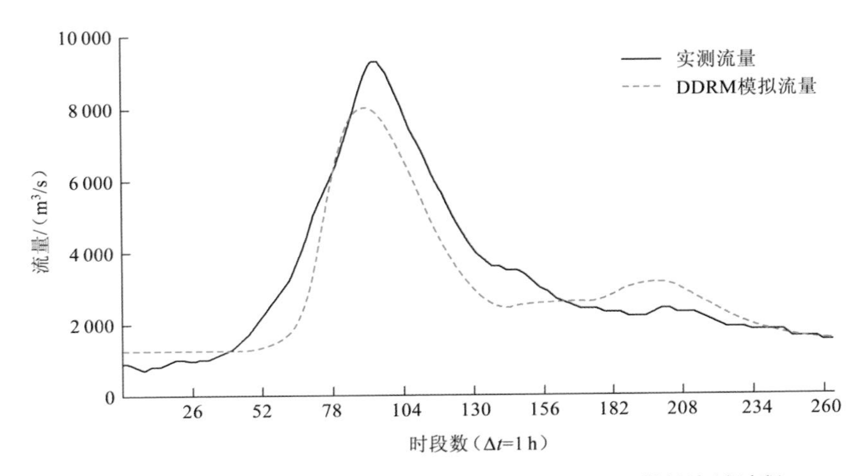

图 7-23　20010902 号场次洪水的实测流量与 DDRM 模拟流量过程

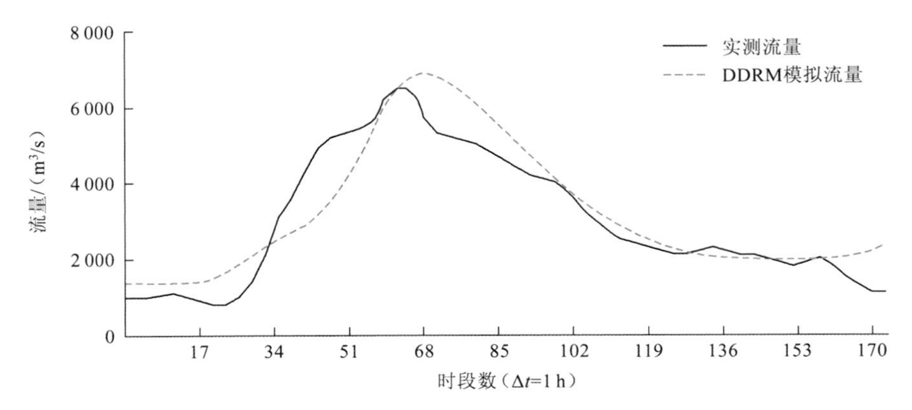

图 7-24　20020720 号场次洪水的实测流量与 DDRM 模拟流量过程

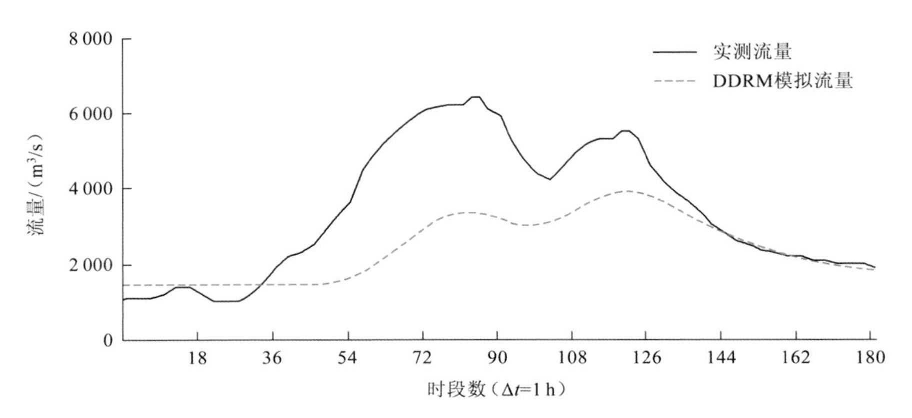

图 7-25　20030516 号场次洪水的实测流量与 DDRM 模拟流量过程

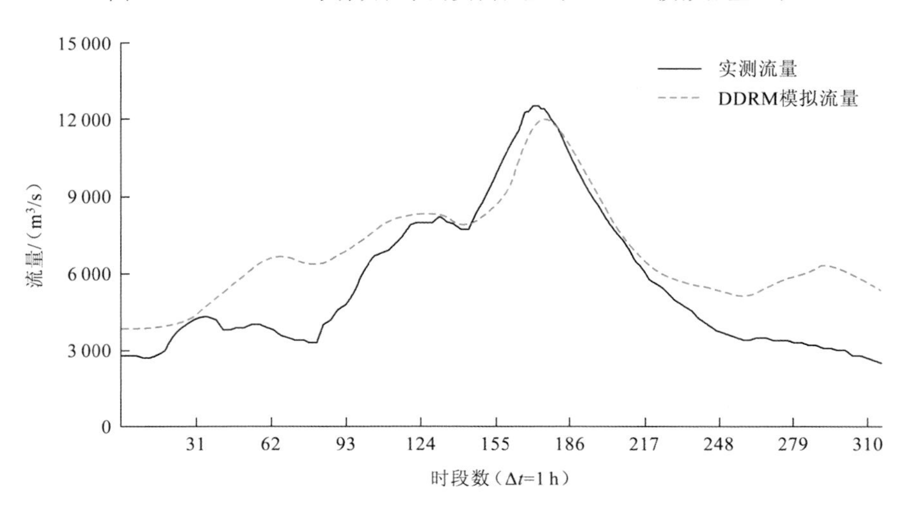

图 7-26　20050623 号场次洪水的实测流量与 DDRM 模拟流量过程

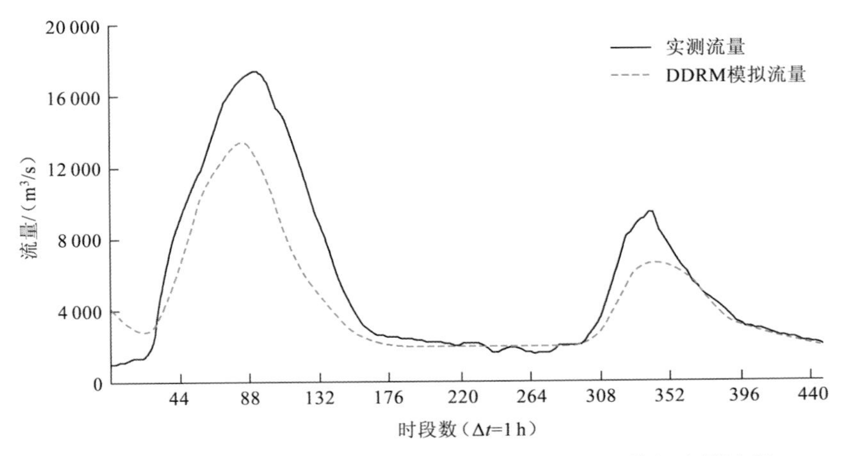

图 7-27　20060718 号场次洪水的实测流量与 DDRM 模拟流量过程

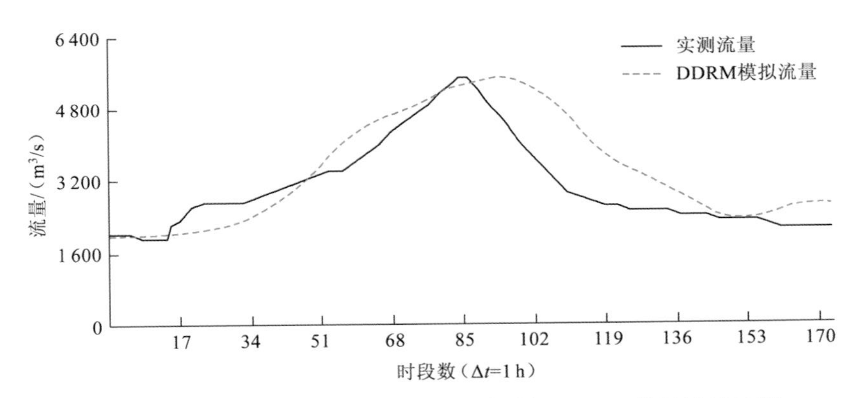

图 7-28　20060806 号场次洪水的实测流量与 DDRM 模拟流量过程

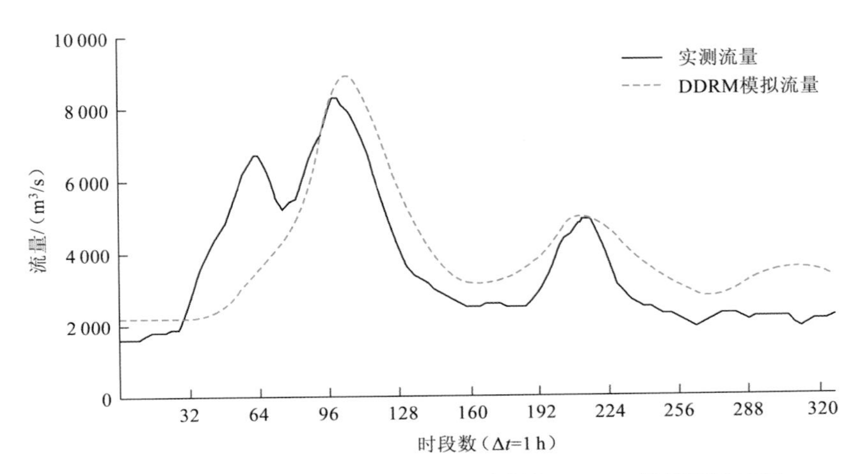

图 7-29　20070610 号场次洪水的实测流量与 DDRM 模拟流量过程

参 考 文 献

广东省飞来峡水利枢纽管理处, 2004. 广东省飞来峡水利枢纽水库调度手册[R]. 清远: 广东省飞来峡水利枢纽管理处.
龙三文, 2013. 飞来峡水利枢纽航运特点与优化调度[J]. 广东水利水电(2): 14-17.
王勇兴, 2011. 飞来峡水利枢纽发电优化调度探讨[J]. 广东水利水电(8): 105-107.
许扬生, 2006. 飞来峡水利枢纽水库调洪演算方法探讨[J]. 广东水利水电(5): 7-9.
薛丽金, 1994. 飞来峡水利枢纽船闸设计[J]. 人民珠江(S1): 27-28.

第8章

模型模拟和卫星遥感土壤含水量对比

8.1　常见的卫星遥感土壤含水量产品

土壤含水量是土壤–植被–大气圈层物质循环及能量传输的纽带，是水文气候模型中关键的初始条件及中间状态变量。气候变化、洪水预报、干旱预测、农业生产、水资源管理等均依赖于对土壤含水量的正确认识和准确估量。在很长一段时间里，对土壤含水量的研究大多基于有限点的地面实测数据，但是该方法存在如样点稀疏、代表范围有限及无法有效表现土壤含水量空间异质性等缺点。

遥感技术的发展，为研究者对土壤含水量的认识从单点到区域甚至全球提供了可能（黄图南 等，2017）。利用卫星遥感数据反演土壤含水量进行空间分布规律分析，并结合分布式降雨径流模型开展不同土地利用类型、气候变化环境下的土壤含水量效应研究已成为近年来研究的热点（Yang et al.，2019；Xiong et al.，2018，2019；曾凌 等，2018；马思源 等，2016；Laiolo et al.，2016；庄媛 等，2015；Rötzer et al.，2014；李明星 等，2010）。迄今为止，已涌现出 SMAP、SMOS 和 ASCAT 等一大批土壤含水量遥感产品，此类产品在覆盖面和时效性等方面均具有较大优势，而在时空分辨率和使用效果等方面又各具差异。

8.1.1　SMAP 土壤含水量产品

1．SMAP 卫星概况

NASA 的 SMAP（soil moisture active and passive）卫星于 2015 年 1 月 31 日发射升空，SMAP 使用 L 波段雷达和 L 波段辐射计进行并发，重合测量，作为一个综合观测系统。两者共用旋转式直径为 6 m 的反射天线，飞行过程中，采用圆锥扫描、固定观测角为 40°的方式对地表进行观测，其旋转扫描的轨道带宽为 1 000 km。这种组合利用了主动（雷达）和被动（辐射计）微波遥感对土壤含水量测量的相对优势。在 L 波段，辐射计测量的微波辐射（亮度温度）主要来自土壤表层约 5 cm，对植被含水量高达平均 5 kg/m^2 的地区土壤含水量明显敏感，辐射计分辨率约为 40 km。与辐射计测量相比，L 波段雷达则能提供更高分辨率（1～3 km）的反向散射测量。然而，雷达对表面粗糙度和植被散射的灵敏度较高，对土壤含水量的灵敏度却不尽如人意。因此，SMAP 的最大特点便是有效地结合 L 波段雷达和辐射计的测量优势，得到符合一般科研要求的中等精度与分辨率（约 9 km）的土壤含水量估算值。传感器的预计寿命是 3 年，但由于主动雷达于 2015 年 7 月 7 日停止工作，SMAP 卫星的主动雷达仅提供了近三个月的有效观测数据，后期为了保证数据产品的连续性，SMAP 卫星团队选择用 Sentinel-1 雷达数据替代 SMAP 的雷达数据进行官方土壤含水量等产品的发布，尽管主动雷达出现了故障，但 SMAP 卫星的被动辐射计仍在轨运行，继续为用户提供被动微波观测数据。

2．数据产品

SMAP 数据产品类型如表 8-1 所示，其中 L1 级产品包括：①原始的雷达和辐射计时间序列数据；②经校正后的雷达高分辨率后向散射系数和辐射计亮度温度数据；③半轨形式的雷达高分辨率后向散射系数和辐射计亮度温度数据。L2 级产品是基于 L1 级产品和辅助数据反演得到的土壤含水量产品（由半轨形式的数据得到）。L3 级产品是每日的 L2 级土壤含水量产品和冻融数据产品的组合。L4 级产品是为了更加有效地解决科学问题而衍生的增值产品。

表 8-1　SMAP 数据产品类型列表

产品类别	描述	空间分辨率	延迟时间
L1A_Radiometer	辐射计数据（时间序列）	—	12 h
L1A_Radar	雷达数据（时间序列）	—	12 h
L1B_TB	校正后的辐射计亮度温度数据（时间序列）	36×47 km	12 h
L1B_S0_LoRes	校正后的低分辨率后向散射系数（时间序列）	5×30 km	12 h
L1C_S0_HiRes	雷达高分辨率后向散射系数（半轨）	1～3 km	12 h
L1C_TB	辐射计亮度温度数据（半轨）	36 km	12 h
L2_SM_A	基于 L1C_S0_HiRes 反演得到的土壤含水量	3 km	24 h
L2_SM_P	基于 L1C_TB 反演得到的土壤含水量	36 km	24 h
L2_SM_AP	基于 L1C_S0_HiRes 与 L1C_TB 协同反演得到的土壤含水量	9 km	24 h
L3_FT_A	冻融数据	3 km	50 h
L3_SM_A	由每日 L2_SM_A 和 L3_FT_A 组合得到的土壤含水量	3 km	50 h
L3_SM_P	由每日 L2_SM_P 和 L3_FT_A 组合得到的土壤含水量	36 km	50 h
L3_SM_AP	由每日 L2_SM_AP 和 L3_FT_A 组合得到的土壤含水量	9 km	50 h
L4_SM	土壤含水量（表面+根区）	9 km	7 d
L4_C	净生态系统碳交换量	9 km	12 d

L2 级产品：①L2_SM_A 是基于雷达后向散射数据反演得到的 3 km 土壤含水量产品；②L2_SM_P 是基于辐射计亮度温度反演得到的 36 km 土壤含水量产品；③L2_SM_AP 是雷达 3 km 后向散射观测数据与辐射计 36 km 亮度温度观测数据协同反演得到的 9 km 土壤含水量产品。其中，L2_SM_A 反演中使用的主动雷达数据为高分辨率的 L1C_S0_HiRes 数据，相比于 L2_SM_P 和 L2_SM_AP 土壤含水量产品，L2_SM_A 土壤含水量产品可以提供有关土壤含水量更高空间分辨率的信息。

L3 级产品：①L3_SM_A 是由每日 L2_SM_A 数据产品和 L3_FT_A 数据产品组合得到的 3 km 土壤含水量；②L3_SM_P 是由每日 L2_SM_P 土壤含水量产品和 L3_FT_A 数据产品组合得到的 36 km 土壤含水量产品；③L3_SM_AP 是由每日 L2_SM_AP 数据产品和 L3_FT_A 数据产品组合得到的 9 km 土壤含水量产品。

L4 级产品：①L4_SM 是基于 SMAP 观测数据和不同来源辅助数据而提取的具有一致性的土壤含水量数据；②L4_C 是利用土壤含水量、地表温度和植被总的初级生产力数据计算得到的净生态系统碳交换量（net ecosystem carbon exchange，NEE）。

8.1.2 SMOS 土壤含水量产品

1. SMOS 卫星概况

由欧洲空间局（European Space Agency，ESA）开发的土壤湿度与海水盐度（soil moisture and ocean salinity，SMOS）卫星于 2009 年 11 月 2 日发射成功（曲向芳，2009）。SMOS 卫星将在观测全球气候变化领域起到关键作用，基于独特的被动微波干涉成像技术，该卫星能够观测大气与海洋、陆地之间的水气循环，是世界上唯一能够同时对土壤含水量和海水盐度变化进行观测的卫星。卫星所搭载的载荷为微波成像综合孔径辐射计（microwave imaging radiometer using aperture synthesis，MIRAS），在 1.4 GHz 频率（L 波段）发射的微波信号能够穿透到土壤 5 cm 深度，且能穿透高达 5 kg/m^2 植被含水量的植被覆盖（Kerr et al.，2010，2009）。

2. 数据产品

SMOS 数据产品类型如表 8-2 所示。SMOS 数据产品主要分为：①Raw：卫星接收的原始格式数据，原始格式采用的是国际空间数据系统咨询委员会（Consultative Committee for Space Data Systems，CCSDS）制定的数据格式，简称 CCSDS 格式；②L0：对 Raw 进行格式化后得到的源包格式数据；③L1a：MIRAS 测量的校对产品和科学产品；④L1b：对 L1a 进行图像重构后得到的天线极化参照系下亮度温度的傅里叶分量，即以仪器快照为单位的亮温；⑤L1c：对 L1b 亮度温度进行地理定位重组后得到的天线极化参照系下的 ISEA（icosahedral snyder equal area）栅格上以轨道为单位的亮温；⑥L2：对 L1c 亮度温度进行迭代反演后得到的 ISEA 栅格上的基于三种不同反演算法的轨道级土壤含水量数据及相应的不确定度；⑦L3：对 L2 土壤含水量数据进行时空重组后得到的不同时空分辨率的栅格化土壤含水量、多角度亮度温度产品及其相关参数，如 200×200 km/10 d、100×100 km/30 d 等；⑧L4：L3 土壤含水量数据与其他物理模型融合后得到的改进的、精度更高的产品及衍生产品（陈建 等，2013）。

表 8-2 SMOS 数据产品类型列表

类别		描述
Raw		原始数据（CCSDS 格式）
L0		对原始数据进行格式化后得到的源包格式数据，即观测数据和遥测数据
L1	L1a	MIRAS 测量的校准产品和科学产品
	L1b	对 L1a 进行图像重构后得到的天线极化参照系下亮度温度的傅里叶分量
	L1c	对 L1b 亮度温度进行地理定位重组后得到的天线极化参照系下的 ISEA 栅格上以轨道为单位的亮温，是 L1 数据中的最高版本
L2		观测角度为 42.5°，包含反演的土壤含水量数据和相应一系列不确定性的辅助数据，对表面粗糙度的校正，反演的大气顶层亮度温度
L3		观测角度为 2.5°～72.5°，不同时间分辨率所合成的土壤含水量，多角度亮度温度产品及其相关参数，如 10 d、30 d
L4		L3 土壤含水量数据与其他物理模型融合后得到的改进的 精度更高的产品及衍生产品，主要用于全球干旱监测并提供干旱指数（暂未发布）

8.1.3 ASCAT 土壤含水量产品

1. ASCAT 产品概况

气象业务卫星（Meteorological Operational Satellite Programme，MetOp）是欧洲第一批致力于气象业务的极轨卫星，它提供了一系列连续、长期的数据集，用于监测全球气候及提高天气预报精度（孙龙，2007）。MetOp 是由三颗卫星组成的系列卫星，持续运行超过 14 年，为欧洲气象卫星开发组织（European Organisation for the Exploitation of Meteorological Satelites，EUMETSAT）极轨系统（EUMETSAT's polar system，EPS）的空间组成部分。MetOp-A 和 MetOp-B 分别于 2006 年 10 月 19 日和 2012 年 9 月 19 日发射成功，MetOp-C 于 2018 年 11 月 7 日发射成功。

ASCAT（advanced scatterometer）是装载在 MetOp-A 卫星上的主动微波散射计。该散射计是实时孔径雷达，接替了欧洲遥感（European remote sensing，ERS）卫星散射计的工作，采用垂直极化方式（VV），在 5.255 GHz 频率（C 波段）进行扇形波束扫描。ASCAT 两边各有三根天线，在 25°～65°倾角范围内，对地球表面进行后向散射扫描测量，在地面形成两条 550 km 宽幅的卫星扫描轨迹，重访周期为 2 d。

2. 数据产品

ASCAT 土壤含水量主要有 0 级、1 级、2 级和 3 级产品。1 级数据经处理可生成辐射测量校准的 1B 级后向散射产品，1B 级数据经推导处理可生成 2 级土壤含水量产品，有 25 km 和 12.5 km 两种空间分辨率，时间分辨率为 2 d，由维也纳理工大学摄影测量与遥感研究所近实时生成并发布。2 级产品提供的是表层（＜2 cm）土壤含水量数据，通过变化检测方法反演得到，数值范围为 0%～100%。而 3 级产品是以 2 级产品和其他数据源为输入，通过模式模拟得到不同深度土壤含水量估测及不同空间样本特性，再根据指数函数对土壤含水量时间序列进行过滤，最终得到土壤剖面含水量。

8.2 卫星遥感土壤含水量产品预处理

本节以 ASCAT 遥感产品为例，介绍卫星遥感土壤含水量数据的预处理方法，主要包括遥感数据偏差校正和湿度指数计算两部分。

8.2.1 遥感数据偏差校正

卫星遥感土壤含水量产品反演误差受土壤类型、地表粗糙度及植被覆盖等参数影响；另外，ASCAT 主动微波遥感反演土壤含水量产品的数值范围为 0%～100%，呈现与水文模型模拟结果不同的数值范围。以上问题都会对遥感反演土壤含水量产品的有效应用带来困难。为实现遥感反演土壤含水量产品与水文模型模拟结果的比对，首先应对遥感产品进行系统性偏差校正，且将土壤含水量产品数值范围校正到模型模拟土壤含水量数值范围。目前常用的方法包括：累积分布函数匹配法（Brocca et al.，2011；Reichle et al.，2004）、均值–方差法（Brocca et al.，2012，2010；Jackson et al.，2010；Draper et al.，2009）、最小值–最大值法（Albergel et al.，2010）等。

1. 累积分布函数匹配法

累积分布函数匹配法（cumulative distribution function matching，CDFM）是一种用于校正数据之间偏差的常用方法。该方法最初由 Calheiros 等（1987）为了获得反射率和降雨率在概率上的关系而提出。CDFM 可以完整描述一个随机变量 X 的概率分布，是概率密度函数的积分，即随机变量小于或者等于某个数值的概率 P。Reichle 等（2004）利用 CDFM 对 1979～1987 年的 SMMR 反演土壤含水量以减少系统偏差。Liu 等（2011）利用 CDFM 对 AMSR-E（advanced microwave scanning radiometer-earth）和 ASCAT 土壤含水量进行重采样，得到了土壤含水量合成产品，研究表明合成产品与观测结果具有更高的相关系数。

CDFM 是基于栅格尺度将遥感反演的土壤含水量数据匹配到水文模型模拟的土壤含水量上，使遥感反演的土壤含水量与水文模型模拟的土壤含水量具有相同的取值范围和累积概率分布，减少两者之间的系统性偏差，匹配公式如下：

$$\mathrm{CDF_s}(x') = \mathrm{CDF_r}(x) \tag{8-1}$$

式中：$\mathrm{CDF_s}$ 和 $\mathrm{CDF_r}$ 分别为水文模型模拟的累积分布函数和遥感反演的土壤含水量的累积分布函数；x' 为校正后的遥感土壤含水量值；x 为未校正的遥感土壤含水量值。

CDFM 的操作步骤通常可分为三步。

（1）对任一栅格单元，将水文模型模拟的土壤含水量和遥感土壤含水量分别生成累积概率分布，并绘制累积概率分布曲线。

（2）将水文模型模拟的土壤含水量和遥感土壤含水量累积概率分布曲线分成多个区段，如可分为 5%、10%、25%、50%、75%、90%、95%和 100%共 8 个区段。

（3）分区段建立水文模型模拟的土壤含水量和遥感土壤含水量之间的线性关系，根据线性关系调整遥感土壤含水量，如图 8-1 所示。

2. 均值–方差法

均值–方差法的原理是利用转换公式将遥感土壤含水量和水文模型模拟的土壤含水量的均值和方差转换为同一值（Draper et al.，2009），便于比较两者的时空分布差异。

$$\theta_\mathrm{r}' = \left[\theta_\mathrm{r} - m(\theta_\mathrm{r})\right] \times \left[S(\theta_\mathrm{s}) / S(\theta_\mathrm{r})\right] + m(\theta_\mathrm{s}) \tag{8-2}$$

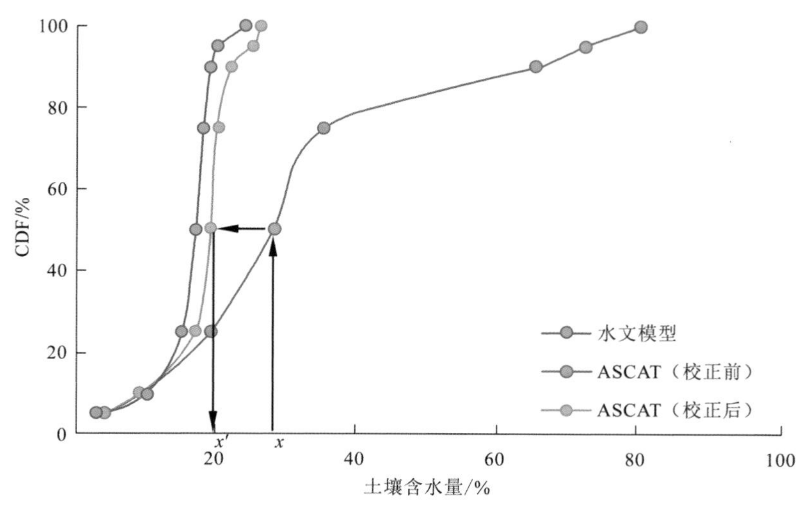

图 8-1　CDFM 操作示意图

式中：θ_r' 为校正后的遥感土壤含水量值；θ_r 为校正前的遥感土壤含水量值；$m(\theta_r)$ 为校正前遥感土壤含水量均值；$S(\theta_r)$ 为校正前遥感土壤含水量方差；$m(\theta_s)$ 为水文模型模拟的土壤含水量均值；$S(\theta_s)$ 为水文模型模拟的土壤含水量方差。

3．最小值-最大值法

最小值–最大值（min-max）法的原理是利用参考土壤含水量数据的最小值和最大值对遥感土壤含水量产品数据进行数值区间校正（Rüdiger et al.，2009）。该方法中土壤含水量的最大值和最小值与土壤类型无关，而是整个研究时期内任一栅格的最大或最小观测值。为了剔除由观测误差或者仪器噪声导致的非正态异常值，该方法选择 90%置信区间的上、下限作为土壤含水量的最大或最小值：

$$\begin{aligned}\mathrm{Int}^{+}(\mathrm{SSM}_{\mathrm{sim}}) &= \mu(\mathrm{SSM}_{\mathrm{sim}}) + 1.64\sigma(\mathrm{SSM}_{\mathrm{sim}}) \\ \mathrm{Int}^{-}(\mathrm{SSM}_{\mathrm{sim}}) &= \mu(\mathrm{SSM}_{\mathrm{sim}}) - 1.64\sigma(\mathrm{SSM}_{\mathrm{sim}})\end{aligned} \tag{8-3}$$

式中：Int^{+} 和 Int^{-} 分别为 90%置信区间的上、下阈值；$\mathrm{SSM}_{\mathrm{sim}}$ 为水文模型模拟的土壤含水量值；μ 和 σ 分别为每个栅格的土壤含水量均值和标准差。

标准化遥感土壤含水量可表示为

$$\theta_{\mathrm{re}} = \frac{\mathrm{SSM}_{\mathrm{obs}} - \mathrm{Int}^{+}}{\mathrm{Int}^{+} - \mathrm{Int}^{-}} \tag{8-4}$$

式中：θ_{re} 为标准化遥感土壤含水量值；$\mathrm{SSM}_{\mathrm{obs}}$ 为遥感土壤含水量观测值。

本小节以 DDRM 模拟的历史时期空间土壤含水量为参照，采用 CDFM 法对 ASCAT 土壤含水量数据进行校正，校正后的 ASCAT 土壤含水量产品记为 θ^{CDFM}。

8.2.2　湿度指数计算

由于 ASCAT 土壤含水量产品只能反映土壤表层（<2 cm）的含水量情况，而 DDRM 模拟涉及整个包气带，为使两者统一，采用土壤湿度指数（soil wetness index，SWI）将卫星遥感土壤含水量信息延展到整个土壤剖面（蒋冲 等，2012；Wagner et al.，1999）。SWI 指标已被广泛证明能准确描述包气带的土壤含水量变化趋势，其计算公式如下：

$$\mathrm{SWI}_{i,t_m} = \mathrm{SWI}_{i,t_{m-1}} + K_m(\mathrm{SSM}_{i,t_m} - \mathrm{SWI}_{i,t_{m-1}}) \tag{8-5}$$

式中：SWI_{i,t_m} 为 t_m 时刻 i 栅格处卫星反演得到的表层土壤含水量；K_m 为取值 0～1 的递归项，计算公式为

$$K_m = \frac{K_{m-1}}{K_{m-1} + \varepsilon^{-\frac{t_m - t_{m-1}}{T'}}} \tag{8-6}$$

式中：T' 为以天为单位的土壤和气候特征常数，研究表明当 $T' = 20\,\mathrm{d}$ 时，SWI 能准确描述 0～100 cm 土层的土壤含水量变化。

由经 CDFM 法校正后的 ASCAT 土壤含水量产品 θ^{CDFM} 推求得到相应的 SWI 时间序列，记为 θ^{SWI} 。

8.3　西江流域 DDRM 模拟与卫星遥感土壤含水量对比分析

西江流域的 DDRM 是基于 1 km 分辨率栅格构建的，为使水文模型模拟结果与卫星遥感产品相匹配，将水文模型模拟土壤含水量重采样至 12.5 km 分辨率。对 t 时刻的 i 栅格，DDRM 模拟的土壤含水量值 $\theta_{i,t}^{\mathrm{DDRM}}$ 由下式计算：

$$\theta_{i,t}^{\mathrm{DDRM}} = \frac{S_{i,t}}{\mathrm{SMC}_i} \tag{8-7}$$

本节在流域面尺度和栅格尺度上分析对比 2010～2014 年水文模型模拟及卫星遥感土壤含水量。同时，考虑年内降雨量分配不均对水文模拟的影响，还对研究时期内汛期（4～9 月）和非汛期（10 月～次年 3 月）的水文模型模拟及卫星遥感土壤含水量分别进行对比。当涉及栅格尺度时，以流域内各栅格（以栅格 i 为例）的 $\theta_{\bullet,t}^{\mathrm{CDFM}}$ 、$\theta_{\bullet,t}^{\mathrm{SWI}}$ 和 $\theta_{\bullet,t}^{\mathrm{DDRM}}$ 为研究对象；考虑流域面尺度时，以流域面平均土壤含水量值 $\overline{\theta}_{\bullet,t}^{\mathrm{CDFM}}$ 、$\overline{\theta}_{\bullet,t}^{\mathrm{SWI}}$ 和 $\overline{\theta}_{\bullet,t}^{\mathrm{DDRM}}$ 序列为研究对象。时刻 t 流域面平均水文模型模拟土壤含水量值 $\overline{\theta}_{\bullet,t}^{\mathrm{DDRM}}$ 的计算式如下：

$$\overline{\theta}_{\bullet,t}^{\mathrm{DDRM}}=\frac{1}{M}\sum_{i}^{M}\theta_{i,t}^{\mathrm{DDRM}} \tag{8-8}$$

式中：M 为流域内栅格总数。

$\overline{\theta}_{\bullet,t}^{\mathrm{CDFM}}$ 和 $\overline{\theta}_{\bullet,t}^{\mathrm{SWI}}$ 的计算式与式（8-8）类似。

采用相关系数（R）及均方根偏差（root mean square difference，RMSD）两个指标，对水文模型模拟及卫星遥感土壤含水量时间一致性进行评价。在栅格尺度上，两种指标的计算式如下：

$$R_i=\frac{\sum_{t=1}^{N}(\theta_{i,t}^{\mathrm{DDRM}}-\overline{\theta}_{i,\bullet}^{\mathrm{DDRM}})(\theta_{i,t}^{\mathrm{ASCAT}}-\overline{\theta}_{i,\bullet}^{\mathrm{ASCAT}})}{\sqrt{\sum_{t=1}^{N}(\theta_{i,t}^{\mathrm{DDRM}}-\overline{\theta}_{i,\bullet}^{\mathrm{DDRM}})^2\sum_{t=1}^{N}(\theta_{i,t}^{\mathrm{ASCAT}}-\overline{\theta}_{i,\bullet}^{\mathrm{ASCAT}})^2}} \tag{8-9}$$

$$\mathrm{RMSD}_i=\sqrt{\frac{1}{N}\sum_{t=1}^{N}(\theta_{i,t}^{\mathrm{DDRM}}-\theta_{i,t}^{\mathrm{ASCAT}})^2} \tag{8-10}$$

式中：i 为位置参数；t 为时间参数；$\theta_{i,t}^{\mathrm{ASCAT}}$ 为栅格 i 处 t 时刻的卫星遥感土壤含水量值，可指代 $\theta_{i,t}^{\mathrm{CDFM}}$ 或 $\theta_{i,t}^{\mathrm{SWI}}$；$\overline{\theta}_{i,\bullet}^{\mathrm{ASCAT}}$ 和 $\overline{\theta}_{i,\bullet}^{\mathrm{DDRM}}$ 分别为栅格 i 处卫星遥感与水文模型模拟土壤含水量在统计时段内的均值，其中，$\overline{\theta}_{i,\bullet}^{\mathrm{DDRM}}=\frac{1}{N}\sum_{t=1}^{N}\theta_{i,t}^{\mathrm{DDRM}}$，$\overline{\theta}_{i,\bullet}^{\mathrm{ASCAT}}$ 的计算式与之类似；N 为统计时段数。

在流域面尺度上，两种指标的计算式分别为

$$R_{\bullet}=\frac{\sum_{t=1}^{N}(\overline{\theta}_{\bullet,t}^{\mathrm{DDRM}}-\overline{\theta}_{\bullet,\bullet}^{\mathrm{DDRM}})(\overline{\theta}_{\bullet,t}^{\mathrm{ASCAT}}-\overline{\theta}_{\bullet,\bullet}^{\mathrm{ASCAT}})}{\sqrt{\sum_{t=1}^{N}(\overline{\theta}_{\bullet,t}^{\mathrm{DDRM}}-\overline{\theta}_{\bullet,\bullet}^{\mathrm{DDRM}})^2\sum_{t=1}^{N}(\overline{\theta}_{\bullet,t}^{\mathrm{ASCAT}}-\overline{\theta}_{\bullet,\bullet}^{\mathrm{ASCAT}})^2}} \tag{8-11}$$

$$\mathrm{RMSD}_{\bullet}=\sqrt{\frac{1}{N}\sum_{t=1}^{N}(\overline{\theta}_{\bullet,t}^{\mathrm{DDRM}}-\overline{\theta}_{\bullet,t}^{\mathrm{ASCAT}})^2} \tag{8-12}$$

式中：$\overline{\theta}_{\bullet,t}^{\mathrm{ASCAT}}$ 为 t 时刻流域面平均卫星遥感土壤含水量值，可指代 $\overline{\theta}_{\bullet,t}^{\mathrm{CDFM}}$ 或 $\overline{\theta}_{\bullet,t}^{\mathrm{SWI}}$；$\overline{\theta}_{\bullet,\bullet}^{\mathrm{ASCAT}}$ 和 $\overline{\theta}_{\bullet,\bullet}^{\mathrm{DDRM}}$ 分别为流域面平均卫星遥感与水文模型模拟土壤含水量在统计时段内的均值，其中，$\overline{\theta}_{\bullet,\bullet}^{\mathrm{DDRM}}=\frac{1}{N}\sum_{t=1}^{N}\overline{\theta}_{\bullet,t}^{\mathrm{DDRM}}$，$\overline{\theta}_{\bullet,\bullet}^{\mathrm{ASCAT}}$ 的计算式与之类似。

8.3.1　流域面尺度土壤含水量对比分析

首先比较 2010～2014 年流域面尺度土壤含水量 $\overline{\theta}_{\bullet,t}^{\mathrm{CDFM}}$、$\overline{\theta}_{\bullet,t}^{\mathrm{SWI}}$ 和 $\overline{\theta}_{\bullet,t}^{\mathrm{DDRM}}$ 序列整

体及在不同时期（汛期、非汛期）的时间一致性，如图 8-2 所示。整体来看，$\overline{\theta}_{\bullet,t}^{\mathrm{CDFM}}$、$\overline{\theta}_{\bullet,t}^{\mathrm{SWI}}$ 和 $\overline{\theta}_{\bullet,t}^{\mathrm{DDRM}}$ 的相关性较高，$R_{\bullet}$ 值均大于 0.70（显著性水平 0.05）。在非汛期与汛期，$\overline{\theta}_{\bullet,t}^{\mathrm{CDFM}}$ $\overline{\theta}_{\bullet,t}^{\mathrm{SWI}}$ 和 $\overline{\theta}_{\bullet,t}^{\mathrm{DDRM}}$ 的相关程度也令人满意，其中在汛期 $\overline{\theta}_{\bullet,t}^{\mathrm{CDFM}}$、$\overline{\theta}_{\bullet,t}^{\mathrm{SWI}}$ 和 $\overline{\theta}_{\bullet,t}^{\mathrm{DDRM}}$ 的相关程度要优于非汛期。另外，由于 SWI 序列能代表整个包气带层的土壤含水量信息，无论是汛期还是非汛期，$\overline{\theta}_{\bullet,t}^{\mathrm{SWI}}$ 和 $\overline{\theta}_{\bullet,t}^{\mathrm{DDRM}}$ 序列的相关性（全部时期 $R_{\bullet}=0.78$；非汛期 $R_{\bullet}=0.61$；汛期 $R_{\bullet}=0.74$）均较 $\overline{\theta}_{\bullet,t}^{\mathrm{CDFM}}$ 高。

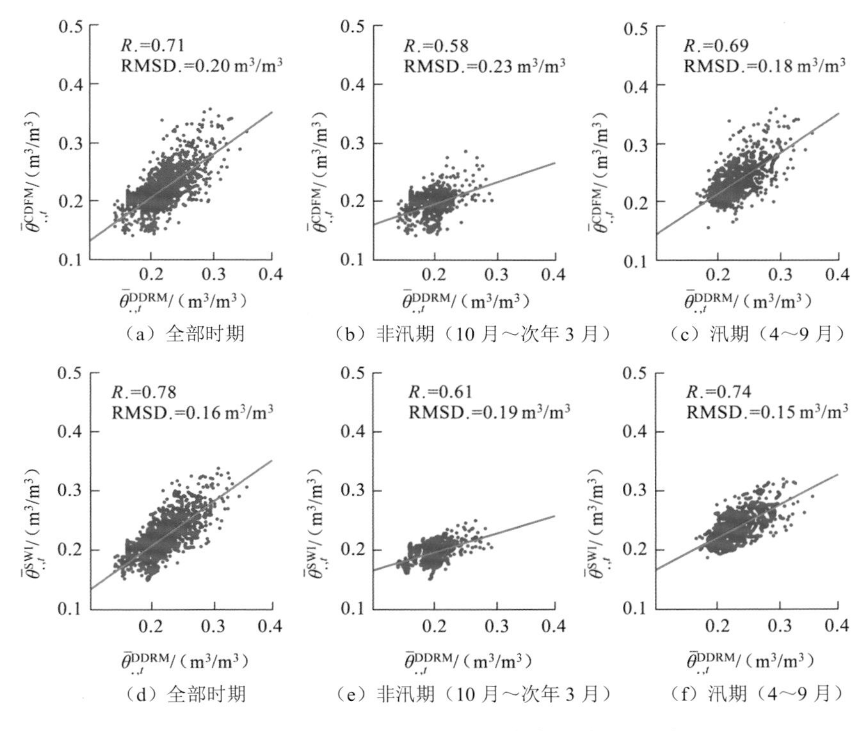

图 8-2　不同时期流域面平均土壤含水量对比分析

图 8-3 中给出了 2012 年流域面平均土壤含水量 $\overline{\theta}_{\bullet,t}^{\mathrm{CDFM}}$、$\overline{\theta}_{\bullet,t}^{\mathrm{SWI}}$ 和 $\overline{\theta}_{\bullet,t}^{\mathrm{DDRM}}$ 序列与降雨量时间序列。由图 8-3 可看出 $\overline{\theta}_{\bullet,t}^{\mathrm{CDFM}}$、$\overline{\theta}_{\bullet,t}^{\mathrm{SWI}}$ 和 $\overline{\theta}_{\bullet,t}^{\mathrm{DDRM}}$ 序列与降雨量序列年内变化趋势基本相同：有较大降雨量时，三者均呈上升趋势；当降雨量较小或者无降雨时，三者均维持在某一水平或呈下降趋势。由于卫星遥感土壤含水量的 CDFM 法校正值序列只针对土壤表层，$\overline{\theta}_{\bullet,t}^{\mathrm{CDFM}}$ 变化幅度较大。汛期在较大降雨量的驱动下，$\overline{\theta}_{\bullet,t}^{\mathrm{SWI}}$ 和 $\overline{\theta}_{\bullet,t}^{\mathrm{DDRM}}$ 序列随时间变化幅度基本一致。在非汛期尤其是无降雨时期，模型缺乏降雨输入的情况下，$\overline{\theta}_{\bullet,t}^{\mathrm{DDRM}}$ 序列较为平坦，而 $\overline{\theta}_{\bullet,t}^{\mathrm{SWI}}$ 序列仍存在小幅波动，同时

两者间还存在明显的相位差。由此可见，水文模型模拟的土壤含水量受降雨量输入影响较大，因此，其干旱时期土壤含水量模拟的可靠性需要进一步研究。

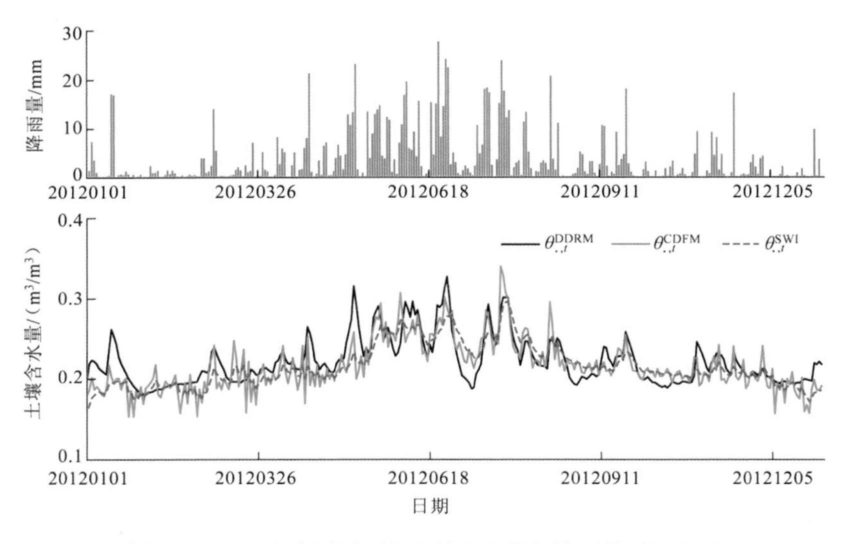

图 8-3　2012 年流域面平均土壤含水量与降雨量时间序列

8.3.2　栅格尺度土壤含水量对比分析

由 8.3.1 小节分析可知，θ^{CDFM} 仅针对土壤表层，与能反映整个土层土壤含水量的 θ^{SWI} 和 θ^{DDRM} 有较大出入，因此，本节仅在栅格尺度上对比分析 θ^{SWI} 和 θ^{DDRM}。图 8-4 比较了 θ^{SWI} 和 θ^{DDRM} 在涨水时刻（20120523）与退水时刻（20120709）的空间分布情况。由图 8-4 可看出，在涨水时刻和退水时刻，θ^{SWI} 与 θ^{DDRM} 的空间分布均较为吻合。在涨水时刻，土壤含水量值较大的栅格（蓝色）主要分布于流域中、上游处。在退水时刻，全流域绝大部分栅格土壤含水量低于 0.2 m^3/m^3（绿色）。此时对 θ^{SWI} 和 θ^{DDRM} 而言，土壤含水量值较大的栅格均零星地分布在流域下游位置。

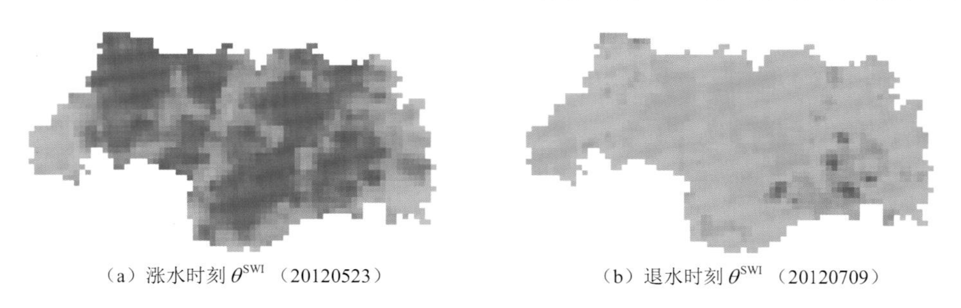

（a）涨水时刻 θ^{SWI}（20120523）　　（b）退水时刻 θ^{SWI}（20120709）

图 8-4　涨水时刻与退水时刻 θ^{SWI} 与 θ^{DDRM} 空间分布

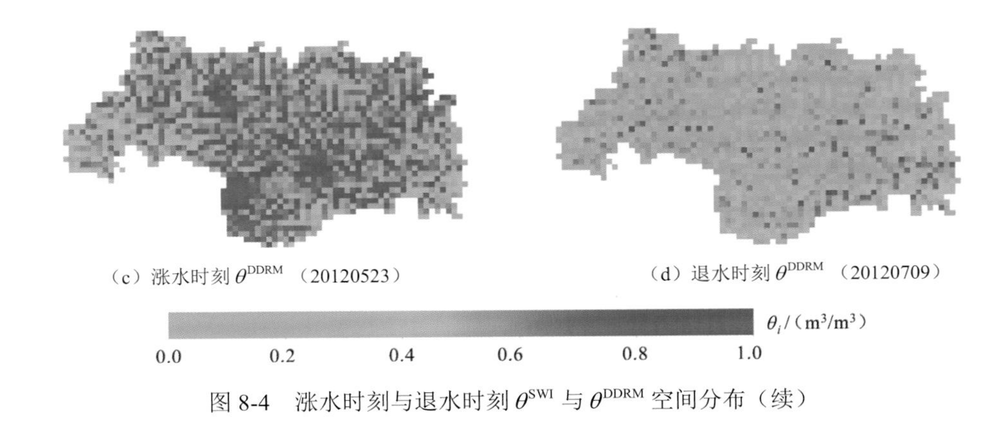

图 8-4　涨水时刻与退水时刻 θ^{SWI} 与 θ^{DDRM} 空间分布（续）

为了进一步评价 θ^{SWI} 和 θ^{DDRM} 在栅格尺度上的时间一致性，针对流域内栅格单元 $i(0<i\leqslant M)$ 中的 $\theta_{i,t}^{SWI}$ 和 $\theta_{i,t}^{DDRM}$ 序列在不同时期（全部时期、非汛期和汛期）分别统计了两个评价指标 R_i 和 $RMSD_i$。图 8-5 给出了各时期栅格单元 $i(0<i\leqslant M)$ 的 $\theta_{i,t}^{SWI}$ 和 $\theta_{i,t}^{DDRM}$ 序列相关系数 R_i 值的空间分布。整体来看，对流域内大部分栅格相关系数 R_i 值都集中在 0.50～0.90。在汛期，对流域上游部分栅格，相关系数 R_i 值接近 0.90；而在非汛期，全流域范围内 $\theta_{i,t}^{SWI}$ 和 $\theta_{i,t}^{DDRM}$ 序列的相关关系较弱，R_i 值集中在 0.40～0.80。

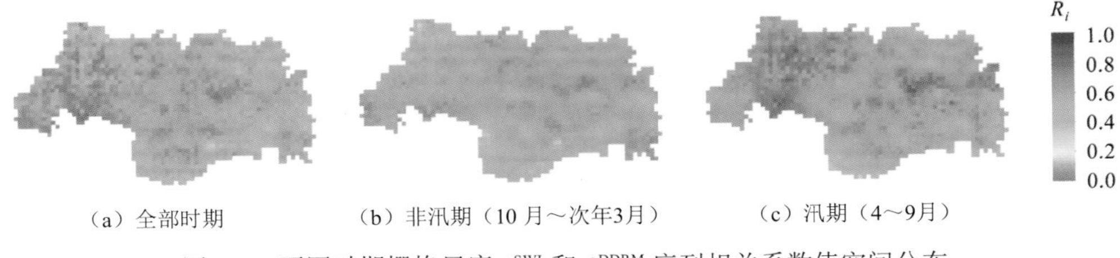

图 8-5　不同时期栅格尺度 $\theta_{i,t}^{SWI}$ 和 $\theta_{i,t}^{DDRM}$ 序列相关系数值空间分布

图 8-6 给出了不同时期栅格单元 $i(0<i\leqslant M)$ 中 $\theta_{i,t}^{SWI}$ 和 $\theta_{i,t}^{DDRM}$ 序列的 $RMSD_i$ 值的空间分布。对流域内绝大多数栅格而言，汛期的 $RMSD_i$ 值低于非汛期的 $RMSD_i$ 值。在非汛期，流域下游处栅格 $RMSD_i$ 值均大于 0.15 m³/m³；而在汛期，仅有流域下游部分栅格的 $RMSD_i$ 值大于 0.15 m³/m³。值得一提的是西江流域下游主要位于广西境内，该区域内城镇化面积及耕作面积较大，其水文条件与流域内其他区域（主要为林地）存在差别，导致水文模型模拟的土壤含水量可能与实际情况不符。

图 8-6 不同时期栅格尺度 $\theta_{i,t}^{SWI}$ 和 $\theta_{i,t}^{DDRM}$ 序列 RMSD$_i$ 值空间分布

参考文献

陈建, 张韧, 安玉柱, 等, 2013. SMOS 卫星遥感海表盐度资料处理应用研究进展[J]. 海洋科学进展, 31(2): 295-304.

黄图南, 郑有飞, 段长春, 等, 2017. 几种卫星反演土壤含水量在中国地区的对比分析[J]. 遥感信息, 32(3): 25-33.

蒋冲, 王飞, 穆兴民, 等, 2012. 土壤湿度指数在黄土高原的适宜性评价[J]. 灌溉排水学报, 31(3): 31-36.

李明星, 马柱国, 杜继稳, 2010. 区域土壤含水量模拟检验和趋势分析: 以陕西省为例[J]. 中国科学(地球科学), 40(3): 363-379.

马思源, 朱克云, 李明星, 等, 2016. 中国区域多源土壤含水量数据的比较研究[J]. 气候与环境研究, 21(2): 121-133.

曲向芳, 2009. 欧洲“土壤含水量和海洋盐浓度”卫星升空[J]. 国际太空(11): 1-3.

孙龙, 2007. 西江中下游洪水预报系统研究[D]. 南京: 河海大学.

曾凌, 熊立华, 杨涵, 2018. 西江流域卫星遥感与水文模型模拟的两种土壤含水量对比研究[J]. 水资源研究, 7(4): 339-350.

庄媛, 师春香, 沈润平, 等, 2015. 中国区域多种微波遥感土壤含水量产品质量评估[J]. 气象科学, 35(3): 289-296.

ALBERGEL C, CALVET J C, ROSNAY P D, et al., 2010. Cross evaluation of modelled and remotely sensed surface soil moisture with in situ data in Southwestern France[J]. Hydrology and earth system sciences, 14(11): 2177-2191.

BROCCA L, HASENAUER S, LACAVA T, et al., 2011. Soil moisture estimation through ASCAT and AMSR-E sensors: an intercomparison and validation study across Europe[J]. Remote sensing of environment, 115(12): 3390-3408.

BROCCA L, MELONE F, MORAMARCO T, et al., 2010. Improving runoff prediction through the assimilation of the ASCAT soil moisture product[J]. Hydrology and earth system sciences, 14(10): 1881-1893.

BROCCA L, MORAMARCO T, MELONE F, et al., 2012. Assimilation of surface- and root-zone ASCAT soil moisture products into rainfall-runoff modeling[J]. IEEE transactions on geoscience and remote sensing, 50(7): 2542-2555.

CALHEIROS R V, ZAWADZKI I I, 1987. Reflectivity-rain rate relationships for radar hydrology in Brazil[J]. Journal of applied meteorology, 26(1): 118-132.

DRAPER C S, WALKER J P, STEINLE P J, et al., 2009. An evaluation of AMSR-E derived soil moisture over Australia[J]. Remote sensing of environment, 113(4):703-710.

JACKSON T J, COSH M H, BINDLISH R, et al., 2010. Validation of advanced microwave scanning radiometer soil moisture products[J]. IEEE transactions on geoscience and remote sensing, 48(12): 4256-4272.

KERR Y H, WALDTEUFEL P, WIGNERON J P, et al., 2010. The SMOS mission: new tool for monitoring key elements of the global water cycle[J]. Proceedings of the IEEE, 98(5):666-687.

KERR Y H, WALDTEUFEL P, CABOT F, et al., 2009. The SMOS mission. Project status and next steps[C]//Egu general assembly conference.

LAIOLO P, GABELLANI S, CAMPO L, et al., 2016. Impact of different satellite soil moisture products on the predictions of a continuous distributed hydrological model[J]. International journal of applied earth observation and geoinformation, 48: 131-145.

LIU Y Y, PARINUSSA R M, DORIGO W A, et al., 2011. Developing an improved soil moisture dataset by blending passive and active microwave satellite-based retrievals[J]. Hydrology and earth system sciences, 15(2): 425-436.

REICHLE R H, KOSTER R D, 2004. Bias reduction in short records of satellite soil moisture[J]. Geophysical research letters, 31(19): L19501.

RÖTZER K, MONTZKA C, BOGENA H, et al., 2014. Catchment scale validation of SMOS and ASCAT soil moisture products using hydrological modeling and temporal stability analysis[J]. Journal of hydrology, 519: 934-946.

RÜDIGER, CHRISTOPH, CALVET J C, GRUHIER C, et al., 2009. An intercomparison of ERS-Scat and AMSR-E soil moisture observations with model simulations over France[J]. Journal of hydrometeorology, 10(2): 431-447.

WAGNER W, LEMOINE G, ROTT H, 1999. A method for estimating soil moisture from ERS scatterometer and soil data[J]. Remote sensing of environment, 70(2): 191-207.

XIONG L H, YANG H, ZENG L, XU C Y, et al., 2018. Evaluating consistency between the remotely sensed soil moisture and the hydrological model-simulated soil moisture in the Qujiang catchment of China[J]. Water, 10(3): 291-317.

XIONG L H, ZENG L, 2019. Impacts of introducing remote sensing soil moisture in calibrating a distributed hydrological model for streamflow simulation[J]. Water, 11(4): 666.

YANG H, XIONG L H, MA Q M, et al., 2019. Utilizing satellite surface soil moisture data in calibrating a distributed hydrological model applied in humid regions through a multi-objective Bayesian hierarchical framework[J]. Remote sensing, 11(11): 1335.